iT邦幫忙 鐵人賽

博碩文化

企業資安裁罰案件分析

深度解析27個實際案件，靈活運用資安策略

2020
iT邦幫忙
鐵人賽
冠軍
iThome

台灣第一本從資本市場的角度，結合內控、稽核、法遵、
控的角度，介紹台灣企業資安現況的專書

以台灣企業實際案例做分析
依金管會三大局處做出明確的分類
篩選出企業資安被裁處的部分做解析
讓企業能有效且快速的掌握金管會對於資安的要求

彭偉鎧 ——— 著

U0077645

作　　者：彭偉鎧
責任編輯：黃俊傑

董 事 長：陳來勝
總 編 輯：陳錦輝

出　　版：博碩文化股份有限公司
地　　址：221 新北市汐止區新台五路一段 112 號 10 樓 A 棟
　　　　　電話 (02) 2696-2869　傳真 (02) 2696-2867

郵撥帳號：17484299　戶名：博碩文化股份有限公司
博碩網站：http://www.drmaster.com.tw
讀者服務信箱：dr26962869@gmail.com
訂購服務專線：(02) 2696-2869 分機 238、519
（週一至週五 09:30 ～ 12:00；13:30 ～ 17:00）

版　　次：2021 年 7 月初版

建議零售價：新台幣 450 元
ＩＳＢＮ：978-986-434-852-7（平裝）
律師顧問：鳴權法律事務所 陳曉鳴 律師

本書如有破損或裝訂錯誤，請寄回本公司更換

國家圖書館出版品預行編目資料

企業資安裁罰案件分析：深度解析 27 個實際案件，
靈活運用資安策略 / 彭偉鎧著. -- 初版. -- 新北市：
博碩文化股份有限公司, 2021.07
　　面；　　公分 --（iT 邦幫忙鐵人賽系列書）
ISBN 978-986-434-852-7(平裝)

1.資訊安全　2.個案研究

312.76　　　　　　　　　　　　　　110011894

Printed in Taiwan

博 碩 粉 絲 團　歡迎團體訂購，另有優惠，請洽服務專線
(02) 2696-2869 分機 238、519

推薦序一

首先，很榮幸能為偉鎧此份著作為序。本書主要蒐集我國近三年來重要的資安裁罰案件，是相當實用的工具書，有此著作問世，乃業界之福。

在呈現上，作者除了將主管機關裁罰內容及事由列出，並精要說明事件過程、所涉及法規（像是保險法、金融監督管理委員會指定非公務機關個人資料檔案安全維護辦法，及個人資料保護法等）、裁罰結果，再到重要的裁罰理由分析與注意事項提醒，讓我們可以有脈絡地掌握到企業實務常見的疏失（像是防火牆、主機系統連線、資料加密、DLP 作法），此外，本書也細心於個案中隨附重要的名詞說明（像是資安事件的解釋），使得整體架構一目了然，讀者能很快地掌握相關重要資安觀念，專業工作者也可進一步理解主管機關的態度、企業因應作為，及企業資安未來的發展方向，因此，本書從一般大眾到企業、實務工作者，都是值得一讀的價值。

傳統上，我國企業對於個資保護及資安管理的議題，多停留在成本考量，或是風險偏好，認為花錢了事，購買軟體充數即可，甚至等到真正發生事件了，再行補救即可，然而這樣消極的態度，不僅無法因應目前相關風險，在個資及資安隱私，甚至全球資訊戰的今日，更可能產生嚴重的不利後果，個人也常協助企業建置個資或隱私保護管理制度，也發現這樣態度的企業主仍不在少數，在忽略「預防勝於事後補救」的觀念，恐怕最終受害者仍是企業本身。而本書其實很扎實地把各類資安事件予以敘述，也希望本書能夠讓我國企業（特別是本書所提之金融相關同業）能因此而對資安議題能有更多的注意及管理意識，並依此作為相關管理的依據或準則。最後，資安的議題日新月異，持續發展，也期待偉鎧的系列著作陸續問世，造福業界。

陳金正 律師

眾勤法律事務所 副所長

2021.07

推薦序二

隨著資訊科技的發展日趨成熟，企業面臨新科技及新技術之衝擊，加速商業模式不斷地演化及創新，在在顯示數位轉型已逐漸成為趨勢，尤其是金融保險業面臨新科技導入，進而衍生各種複雜效應，各產業應瞭解主管機關對於資安監理重點，以配合業務發展需求同步設計有效資訊安全之相關措施，並有效調適風險管理機制，以保障企業本身資料傳輸之安全性，進而保護消費者權益與相關資料。作者於 2017 年及 2020 年分別榮獲第九屆及第十二屆【iT 邦幫忙鐵人賽】個人組「Security」分組冠軍，對於資安有其獨到見解及看法，本書是作者彙整近幾年來主管機關對於企業資安裁罰案件，透過案件分析能讓讀者及企業很快瞭解到資安的重要性，並有效掌握主管機關監理重點，強烈推薦「企業資安裁罰案件分析」此書給對於資安有興趣之讀者及對資安有較高強度規範之企業。

黃煌達 會計師

啟誠會計師事務所所長

2021.07

前言

金管會架構簡介及文章內容說明

一、文章說明

本書主要蒐集近二至三年以來的資安裁罰案件,讓企業能夠了解目前主管機關是如何檢驗企業的資訊安全,以及企業資安未來的走向。本書藉由實務上之實例、法令、筆者的分析及重要的提示,讓讀者或企業可以很快了解自身需要強化的地方,讓企業能夠逐步達到主管機關對於資安之要求,同時,也避免因為資安的缺失,而產生不必要之**罰鍰**之定義,詳見本篇之提示說明〉支出。

本書所引用之資料皆有公告於金管會網站上,另,保險局裁罰案件,亦可由保險業公開資訊觀測站,查詢到詳細裁罰內容,故資料來源合法,並無不當引用,相關的分析內容亦無不當之批評及臆測,也期望本書能夠協助企業資安政策更加完備及進步。

二、金管會架構簡介

台灣金管會(金融監督管理委員會)共分四個局處,分別是:**證期局、銀行局、保險局、檢查局**。如下圖所示:

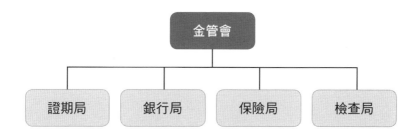

其中，證期局職掌主要是針對公開發行公司（上市櫃、興櫃等等）；銀行局主要職掌是金控、銀行等相關業務；保險局主要職掌是保險公司等相關業務；檢查局主要職掌是金融檢查相關業務。

該書主要是針對近年來，**證期局、保險局及銀行局三個局處**，有關資安相關裁罰案件做的分析和介紹，資料排序主要依不同局處之裁罰案例，再依時間先後做降冪排列，並做一系列的整理及分析。

如果案件偏重某局處，例如保險局資安裁罰案件比例很高，主要是因為保險事務與消費大眾較有直接關係，但其他局處並非不重視，而是目前有些法人機關才開始著手強化資安，如果不意外，筆者認為假以時日，這類裁罰案，也會慢慢的開始增多，因此，筆者也會提供給各位需注意之法令及裁罰輕重給大家參考，裡面裁罰法條有重複的部分，就是大家要注意的地方，藉由裁罰案也可協助企業朝主管機關之方向及要求前進，甚至可以達到超前佈署之效果。

《提示》：何謂罰鍰？ 罰鍰與罰金的差別？

罰鍰是行政法的**行政處分**上的罰款，而**罰金**這個用語則是用在**刑法**上。基本上就是罰款，只是法源不同，藉以區別而已。

目錄

第 1 篇
《證期局篇》

證期局簡介：

為發展國民經濟、促進我國證券期貨市場健全發展、保障證券投資人及期貨交易人權益及維護證券期貨市場交易秩序，金融監督管理委員會特設證券期貨局（簡稱：證期局），辦理證券期貨市場及證券期貨業之監督、管理及其政策、法令之擬訂、規劃及執行等業務。

主要任務：

（一）公開發行公司、有價證券募集、發行、上市、證券商營業處所買賣之監督及管理。

（二）期貨交易契約之審核與買賣之監督及管理。

（三）證券業與期貨業之監督及管理。

（四）外資投資國內證券與期貨市場之監督及管理。

（五）證券業、期貨業同業公會與相關財團法人之監督及管理。

（六）證券投資信託基金、有價證券信用交易之監督及管理。

（七）會計師辦理公開發行公司財務報告查核簽證之監督及管理。

（八）證券投資人及期貨交易人之保護。

-- 以上摘錄自證期局首頁之簡介 --

證期局主要資安裁罰對象

1. 國內外之證券公司及期貨公司、投信投顧公司
2. 公開發行公司（包括：公發公司、興櫃、上市及上櫃公司等）

本章收錄之證期局資安裁罰案件，共收錄了 **3** 篇：本國證券及期貨公司、投信投顧公司共 2 篇，以及臺灣證券交易所明訂上市公司發生重大資安事件應發布重大訊息之說明 1 篇。另補充 4 篇資安參考案例。

《提示》：何謂公開發行公司？

一般公司在經濟部登記設立後，主要法律依據為公司法，股票並未對外流通，此類公司統稱，非公開發行公司，簡稱，**非公發公司**。之後，當公司達到一定規模之後，如果想對外募集資金，此時會向證期局申請到公開市場上發行股票，當申請通過後，公司股票便會對外流通，此時就進入了所謂的公開發行階段，即所謂的公開發行公司，簡稱**公發公司**。此時，主管機關由經濟部改為金融監督管理委員會特設證券期貨局，即金管會證期局。法源依據，除了公司法之外，因為股票在外流通了，公司就得受證券交易法（簡稱：證交法）所規範。在公發之後，就可以登錄興櫃買賣（即上市櫃前的模擬交易市場），最後在申請股票上市或上櫃，因此**公開發行公司就包括：公發公司、興櫃公司、上櫃公司、上市公司**等。

第一件裁罰案

裁罰對象：康和綜合證券（股）公司

裁罰日期：2021/03/04

裁罰標題：

康和綜合證券股份有限公司違反證券管理法令處分案。（金管證券罰字第 1100360648 號）

主旨：

受處分人違反證券商管理規則第 2 條第 2 項規定，爰依證券交易法第 66 條第 1 款規定，對受處分人予以警告處分，並依證券交易法第 178 條之 1 第 1 項第 4 款規定核處新臺幣 144 萬元罰鍰。

事實：

財團法人中華民國證券櫃檯買賣中心（下稱櫃買中心）109 年 7 月 17 日、9 月 9 日與 9 月 10 日對受處分人進行查核，發現受處分人辦理主機共置（Co-location; 下稱 Co-Lo）服務僅提供與資訊廠商具高度關聯之特定人使用，且對 Co-Lo 交易主機不具實質控制權、未完整保留接收客戶委託時間紀錄、系統設置之防火牆留存及存取控管設定寬鬆等資訊安全缺失，上開缺失顯示受處分人未落實執行內部控制制度，核已違反證券商管理規則第 2 條第 2 項規定。

《裁罰內容有關資訊安全之違法事項》

一、 按「證券商違反本法或依本法所發布之命令者，除依本法處罰外，主管機關得視情節之輕重，為下列處分，並得命其限期改善：一、警告。...」、「證券商 ... 有下列情事之一者，處各該事業或公會新臺幣二十四萬元以上四百八十萬元以下罰鍰，並得命其限期改善；屆期未改善者，得按次處罰：... 四、證券商 ... 未確實執行內部控制制度。」分別為證券交易法第 66 條第 1 款及第 178 條之 1 第 1 項第 4 款所明定；「證券商業務之經營，應依法令、章程及前項內部控制制度為之。」為證券商管理規則第 2 條第 2 項所明定。

二、 櫃買中心 109 年 7 月 17 日、9 月 9 日與 9 月 10 日對受處分人進行查核，發現受處分人有下列缺失事項：

（一）受處分人於 Co-Lo 機房放置之交易主機軟硬體設備係向〇〇〇〇股份有限公司（下稱〇〇〇〇）簽約租用，並僅提供〇名與該資訊廠商具有高度關聯性之客戶使用，Co-Lo 交易主機之系統登出入紀錄已被〇〇〇〇全數刪除，且受處分人對交易主機內含程式與數量無法具體掌控；另置於 Co-Lo 機房之交易主機，未完整留存投資人委託資料送達的時間，顯有為特定人量身訂做 Co-Lo 服務，而未落實資訊安全，且對 Co-Lo 交易主機不具實質控制權之情事。前揭缺失違反證券商內部控制制度標準規範（下稱內控標準規範）CA-11210 受託買賣及成交作業（一）23、「公司經營經紀業務且與證交所簽訂主機共置

服務契約者，應依『主機共置服務管理辦法』規定辦理，使用該服務前，應自訂使用規則並於公司內部控制制度制定適當之控管機制及查核程序」、行為時之臺灣證券交易所股份有限公司及櫃買中心主機共置服務管理辦法（下稱管理辦法）第 11 條第 2 項「證券商經紀業務使用本服務前，應自訂（訂定）使用規則且納入內部控制制度，並依使用規則公平對待投資人 ...」、管理辦法第 14 條第 7 款「本服務使用者不得有下列情形：... 七、除符合第十五條共同使用同一機櫃情形者外，將機櫃空間分租、轉租、出借或以任何方式提供第三人使用。」、內控標準規範 CC-18000（四）3、「電腦稽核紀錄管理規定重要系統之稽核日誌留存、定期檢視及至少留存 3 年。」、CA-11210 受託買賣及成交作業（二十二）「對於以 ... 專線 ... 委託者，... 惟應依時序別列印買賣委託紀錄，... 委託紀錄應含客戶委託人姓名或帳號、委託時間 ... 等」等規定。

（二）其他資訊安全作業缺失：

1. Co-Lo 機櫃交易主機設置之防火牆，均未開啟進出紀錄留存之設定，故未依規留存 3 年進出紀錄，又○○○○得自外部連線至 Co-Lo 機櫃之委託成交回報主機網段及測試主機網段執行作業，顯有未落實定期檢視防火牆存取控管設定之情事，違反內控標準規範 CC-17010（二）3、「防火牆進出紀錄及其備份應至少保存 3 年」及 6、「公司應每年定期檢視並維護防火牆存取控管設定，並留存相關檢視紀錄」之規定。

2. 交易主機帳號未定期變更密碼，違反內控標準規範 CC-18000（三）5、「除輸入介面僅可輸入數字外，公司應使用優質密碼設定 ... 公司其他使用者之密碼應至少每 3 個月變更一次」之規定。

3. ○○○○「DMA 證券下單系統」程式變更時，受處分人資訊單位雖已填具資訊系統測試暨上線申請表，惟未檢附上線程式清單及程式原始碼安全聲明書，違反內控標準規範 CC-19000（十五）程式原始碼安全規範。

4. 未就置於 Co-Lo 機房之軟硬體設備，定期執行弱點掃描作業，違反內控標準規範 CA-11210 受託買賣及成交作業（一）23 與管理辦法第 19 條「使用者放置於主機共置機房之軟體、硬體設備應具備完善之資訊安全防護措施，並應定期執行安全漏洞偵測及修補作業。」規定。

三、 上開缺失顯示受處分人未落實執行內部控制制度，核已違反證券商管理規則第 2 條第 2 項規定，爰依證券交易法第 66 條第 1 款及第 178 條之 1 第 1 項第 4 款規定處分如主旨。並請受處分人確實依照櫃買中心意見改善相關作業程序，納入內部控制制度確實執行及請內部稽核加強稽核。

《理由及法令依據》

該裁罰案主要違反證券交易法第 66 條第 1 款及第 178 條之 1 第 1 項第 4 款所明定，其中，主要為 178-1 條第 1 項第四款規定，**未確實執行內部控制。**

第 178-1 條

證券商、第十八條第一項所定之事業、證券商同業公會、證券交易所或證券櫃檯買賣中心有下列情事之一者，處各該事業或公會新臺幣二十四萬元以上四百八十萬元以下罰鍰，並得命其限期改善；屆期未改善者，得按次處罰：

（一～三款省略）

四、證券商或第十八條第一項所定之事業未確實執行內部控制制度。

《提示》：法律條文之內文如何區分？

一般法律條文主要分為四個部分：條、項、款、目。通常以該條文中的每個條文的段落句號向下區分。此為依據《中央法規標準法》第八條規定，規定如下：

第 8 條

法規條文應分條書寫，冠以「第某條」字樣，並得分為項、款、目。項不冠數字，空二字書寫，款冠以一、二、三等數字，目冠以（一）、（二）、（三）等數字，並應加具標點符號。

前項所定之目再細分者，冠以 1、2、3 等數字，並稱為第某目之 1、2、3。

《筆者分析》

康和證券的這個裁罰案，主要起因在於為了讓系統能夠達到『**高頻交易**』，所以才辦理證券交易所所使用的主機共置的服務（co-location）。所謂的高頻交易，主要是因為有些投資者，會在短暫而微小的價差內，購入或賣出交易的標的物，換句話說，投資金額大的時候，一點點變化都可能損失或者獲利好幾千萬，甚至億以上價差，因此才會有所謂的高頻交易出現。目前證券交易所也希望股市能夠活絡，所以才會設定了主機共置的服務，這是該裁罰案的起因點。

康和證券與系統商簽約之後，把共置服務保留給某些大戶使用，但是，這些大戶**進出的紀錄卻沒有留下**，被系統商全部給刪除，這已經違反內部控制規定，同時也違反了資料須定期留存及提供檢視的規定。像此案例就有列出兩項很重要的準則：

（1） 電腦稽核紀錄管理規定重要系統之稽核日誌留存、定期檢視及至少留存 3 年。

（2） 對於以 ... 專線 ... 委託者，... 惟應依時序別列印買賣委託紀錄，... 委託紀錄應含客戶委託人姓名或帳號、委託時間 ... 等。

讀者應該很清楚的知道，紀錄的留存是企業很重要的內控準則，尤其是金融證券業的交易，牽涉範圍更廣，嚴重者可能會影響總體經濟的發展，當然一般企業雖然對經濟的影響有限，但也必須要了解資料留存及檢視的重要，以避免發生資安事件時，無從查起或追蹤。

> ### 《提示》：何謂內稽內控？
>
> 內控即所謂的內部控制，『**內部**』就是『**公司本身內部**』之意，而『**控制**』就是所謂的『**管理**』。內部控制制度的建立，是由公司全體人員，依其職權或組織型態所訂定出的書面制度及工作流程。在制度及流程訂定完成後，就由稽核單位檢視其是否依規定運作或執行，此即為『**內部稽核**』，簡稱『**內稽**』。當稽核到有缺失時，就要列入追蹤事項，直到其改善完畢為止。

此外，在其他的資安缺失裡面，康和證券對於防火牆記錄保存、密碼變更、作業流程表單皆未遵守內部控制規定，並且未定期執行弱點測試（可參考保險局第一案對於弱點測試的說明），也就是說，沒有遵守自己寫的規定。

《裁罰結果》

本案主要就是針對資安做出處分，**該公司被裁處新台幣 144 萬元的罰鍰處分**。該案的裁處罰鍰不低，可作為資安裁罰的重要借鏡。

《總結》

1. 任何有特定關係人的系統紀錄，需要留存，並提供定期檢視，切勿任意刪除，尤其系統稽核紀錄更不可任意更動或破壞。

2. 防火牆之紀錄保存須確實做好留存，並定期審視有無異常。

3. 密碼變更需定期變更。

4. 內部表單在申請流程結束之後，在保存期間內，要確實留存，不可任意撕毀或刪除。

5. 系統在做資安防護測試之後，需針對缺失做出改善，並定期追蹤，留下紀錄，直到改善完成後。完成後，亦須將紀錄歸檔，留存紀錄。

6. 強化內部控制制度的制訂，並加強內部稽核。

第二件裁罰案

裁罰對象：群益證券投資信託（股）公司

裁罰日期：2020/04/21

裁罰標題：

處群益證券投資信託股份有限公司（以下簡稱群益投信）警告及罰鍰新臺幣 120 萬元，並命令群益投信解除前基金經理人黃○○職務。（金管證投罰字第 1090361849 號）

主旨：

處群益證券投資信託股份有限公司（以下簡稱群益投信）警告及罰鍰新臺幣 120 萬元，並命令群益投信解除前基金經理人黃○○職務。

《裁罰內容有關資訊安全之違法事項》

金管會證期局與資安有關裁罰內容：（本案第二及三項與資安有關）

二、 群益投信及黃○○君（下稱黃君）違反證券投資信託管理法令之事實如下：

　　（一）黃君自 107 年 4 月 1 日起擔任群益創新科技基金經理人，迄 108 年 8 月 19 日卸任止，有於上班期間利用公司無線網路等方

式，使用友人林〇〇、梁〇〇及黃〇〇等帳戶分別為其父親、自己及親友買入與所管理基金相同之股票，且有於群益〇〇基金買入個股前先行買進或當日買進，再於基金買入當日或次日賣出進行當沖或隔日沖以賺取價差之情形，顯有利用職務上所獲知之資訊，從事有價證券買賣，及買賣與所管理基金持有相同之有價證券且未向所屬公司申報之情事。此有黃君 108 年 9 月 11 日書面承認，梁〇〇帳戶為黃君本人所使用，林〇〇帳戶及黃〇〇帳戶係代父親與親友買賣有價證券使用，核已違反本法第 77 條第 1 項及第 2 項、投信人員管理規則第 13 條第 2 項第 1 款、第 14 條第 1 項及第 2 項規定。

（二）群益投信未有效管理網際網路使用安全，致黃君有於上班期間利用公司無線網路，為自己或他人之利益買賣股票；另黃君於擔任基金經理人期間利用他人帳戶從事與所管理基金相同股票之買賣活動，交易數量金額龐大且未依規定申報，群益投信未善盡督導之責，核有違失。

三、 綜具前述，群益投信及前受僱人黃君之違規事實，其違規行為已影響證券投資信託業務之正常執行，爰依本法第 103 條第 1 款、第 104 條、第 111 條第 7 款規定處分如主旨。

《理由及法令依據》

一、 證券投資信託及顧問法第 77 條第 1 項及第 2 項。

第 77 條

證券投資信託事業之負責人、部門主管、分支機構經理人與基金經理人，其本人、配偶、未成年子女及被本人利用名義交易者，於證券投資信託事業決定運用證券投資信託基金從事某種公司股票及具股權性質之衍生性商品交易時起，至證券投資信託基金不再持有該公司股票及具股權性質之衍生性商品時止，不得從事該公司股票及具股權性質之衍生性商品交易。但主管機關另有規定者，不在此限。

證券投資信託事業之負責人、部門主管、分支機構經理人、基金經理人及其關係人從事公司股票及具股權性質之衍生性商品交易，應依主管機關之規定，向所屬證券投資信託事業申報交易情形。

前項關係人之範圍，由主管機關定之。

二、 **證券投資信託事業負責人與業務人員管理規則第 13 條第 2 項第 1 款、第 14 條第 1 項及第 2 項。**

第 13 條

證券投資信託事業之負責人、部門主管、分支機構經理人、其他業務人員或受僱人，應以善良管理人之注意義務及忠實義務，本誠實信用原則執行業務。

前項人員，除法令另有規定外，不得有下列行為：

一、 以職務上所知悉之消息洩漏予他人或從事有價證券及其相關商品買賣之交易活動。

第 14 條

證券投資信託事業之負責人、部門主管、分支機構經理人與基金經理人，其本人、配偶、未成年子女及被本人利用名義交易者，除法令另有規定外，於證券投資信託事業決定運用證券投資信託基金從事某種公司股票及具股權性質之衍生性商品交易時起，至證券投資信託基金不再持有該公司股票及具股權性質之衍生性商品時止，不得從事該公司股票及具股權性質之衍生性商品交易。

證券投資信託事業之負責人、部門主管、分支機構經理人、基金經理人本人及其關係人從事公司股票及具股權性質之衍生性商品交易，應向所屬證券投資信託事業申報交易情形。

《筆者分析》

群益投資的這個案子，主要就是利用職務之便，並且在上班時間透過公司的無線網路，利用客戶的帳戶從事基金股票交易。由於現在大部分的人都可以透過手機上網，即使不使用公司無線網路，還是可以私下交易的。畢竟，這些案件的重點在於，投顧人員很容易跟客戶建立起信賴關係，導致關係被濫用的情形只會多而不會少的，後面我們在銀行局的第二件裁罰案玉山商業銀行（股）公司，會提到相似的案例說明。

目前類似案件，每年都有多起案件發生，銀行局、證期局都有，新聞媒體也很容易就查得到，筆者就不一一列舉，不過，這類的罰則，目前都非常的重，有期徒刑跟罰款都是免不了的。

目前筆者所知的，證券商很多營業交易場所都禁止員工使用無線網路，只要員工電腦一出現登錄異常，資訊人員會馬上通知營業單位，只是，這些事情，防不勝防的，只有靠長期的**強化法治教育**，或許長期下來才能降低這類事件。

《裁罰結果》

第二點（一）依投信人員管理規則第 13 條第 2 項第 1 款、第 14 條第 1 項及第 2 項規定處罰。綜合所有裁處，依證券投資信託事業負責人與業務人員管理規則第 103 條第 1 款、第 104 條、第 111 條第 7 款規定處分警告及罰鍰新臺幣 120 萬元，並命令群益投信解除前基金經理人黃○○職務。

《總結》

1. 公司應針對特定的業務進行管制，禁止員工在工作時候，進行任何不當與業務有關之工作，並強化法治教育，以避免業務機密洩漏。
2. 公司的無線網路應受公司內控規範，如員工工作上有需要時，可提出申請，並說明用途。

關於臺灣證券交易所明訂上市公司發生重大資安事件應發布重大訊息之說明

標題：筆者在本篇說明一下，為何公開發行公司被證期局裁罰案件偏少的原因？為何僅偏向證券公司？

筆者曾經在 2019 年第十屆鐵人賽時，分享了一系列的資安實例，有些上市櫃公司在公開資訊觀測站上面都有公告相關資訊，大家可以從下面幾篇看到當時筆者所整理的內容：

台灣證券交易所：

（1）事件：駭客勒索比特幣，癱瘓台灣券商交易系統

（2）被攻擊單位：元大、群益、凱基、元富、大展等十多家證券商

（3）系統：券商交易系統線路

（4）時間：2017 年 2 月

（5）攻擊方式：DDoS 阻斷式服務攻擊

台積電：（股票代號：2330）

（1）事件：台積電遭病毒攻擊，部分產線停擺

（2）被攻擊單位：台積電

（3）系統：機台停擺

（4）時間：2018 年 8 月

（5）攻擊方式：據傳是 WannaCry 病毒，但筆者認為是 SOP 流程上的疏忽

雄獅旅行社：（股票代號：2731）

（1）事件：雄獅旅遊因個資外洩，遭消基會求償 363 萬餘元。

（2）被攻擊單位：雄獅旅遊

（3）系統：員工電腦作業系統

（4）時間：2017 年 5 月

（5）攻擊方式：境外 IP 攻擊，致使網路流量異常，網速降低

大車隊（股票代號：2640）

（1）事件：台灣大車隊的司機，利用「55688 App」多元行動支付系統，充分授權司機迅速付款的漏洞，取得民眾信用卡資訊詐騙金錢

（2）被攻擊單位：台灣大車隊

（3）系統：55688 App 多元行動支付系統

（4）時間：2017 年 11 月

（5）攻擊方式：APP 迅速付款漏洞

大家可以注意，如上述的雄獅旅行社案，是由消基會向雄獅旅行社求償，而非由證期局去裁罰，因為屬於民事糾紛，加上當時很少有針對公司資安進行查核，因此從公司在公開資訊站所公告的資料來看，交易所並無做出裁罰。又如台積電在 2018 年所發生的事件，當時因為機台被入侵的問題，很明顯是內控的三道防線沒有確實做好，但是當時所謂的內控三道防線，主要還是在強化金融跟保險業，對於一般上市櫃公司並沒有很強調這個觀念，所以，證期局也無從開罰起。證期局所能開罰的案件，大概就如台灣

證券交易所底下所管理的證券投顧公司了,主要因為券商交易系統大部分都要連線到交易所進行交易,且對於證券商會進行金融檢查,所以券商的角色,就比較像銀行局對上銀行或金控,因此,大家在金管會證期局的裁罰案中,看到的大部分就是證券投顧業,或者與金融相關的公發公司,如在銀行局會提到的街口證券投資信託(股)公司就是一例。

然而,由於這幾年公發公司資安事件頻傳,所以交易所在 2021 年 4 月 27 日公告了以下的資訊:

臺灣證券交易所股份有限公司 新聞稿

中華民國 110 年 4 月 27 日

上市一部

重大訊息與時俱進,臺灣證券交易所明訂上市公司發生重大資安事件應發布重大訊息

臺灣證券交易所表示,國內外資安攻擊事件態樣眾多,網路駭客透過社交工程或工作排程散播惡意程式等,攻擊手法層出不窮,資通安全已衍然成為重要議題,考量發生資通安全事件對財務業務之影響性逐漸上升,且對公司商譽等可能有重大影響,為強化該類事件重大訊息發布之重要性暨使法源依據明確,修訂重大訊息處理程序明訂上市公司發生重大資通安全事件應發布重大訊息。

上述的主要法令依據是在「臺灣證券交易所股份有限公司對有價證券上市公司重大訊息之查證暨公開處理程序」第四條第一項第二十六款,也是 2021 年新修正的部分:

第四條

上市公司重大訊息，係指下列事項：

二十六、發生災難、集體抗議、罷工、環境污染、**資通安全事件**或其他重大情事，致有下列情事之一者：

（一）造成公司重大損害或影響者；
（二）經有關機關命令停工、停業、歇業、廢止或撤銷污染相關許可證者；
（三）單一事件罰鍰金額累計達新台幣壹佰萬元以上者。

這部分只是對於公開發行公司必須要把資安事件公告，若是未公告，則會有罰款，基本上，這個主要是**資安揭露與否做出裁罰**，實際上並非如後面保險局與銀行局針對保險及金控業的資安做檢查後開罰，這部分可能還要證期局繼續跟上金融保險業的腳步，努力的落實內部控制的三道防線了，當然，每個產業都有其特殊性，對於資安的做法，也不盡相同，對於能做到確實的通報及公告，這也已經算是跨出了一大步，如 2021 年 3 月，宏碁被勒索病毒勒索 14 億的案件，宏碁就主動通報，並尋求協助，這也是一個非常具有代表性的案例。

公告如下：（資料來源：台灣證券交易所公開資訊觀測站，宏碁重大訊息公告）

本資料由 （上市公司）2353 宏碁　公司提供

序號	1	發言日期	110/03/20	發言時間	21:27:00
發言人	陳怡如	發言人職稱	財務長	發言人電話	（02）26961234
主旨	説明媒體報導				
符合條款	第 51 款	事實發生日	110/03/20		
説明	1. 事實發生日：110/03/20 2. 公司名稱：宏碁股份有限公司 3. 與公司關係（請輸入本公司或子公司）：本公司 4. 相互持股比例：不適用 5. 傳播媒體名稱：蘋果即時 6. 報導內容：宏碁電腦遭駭客入侵勒索 14 億　公司緊急通報資訊保護機關處理 7. 發生緣由： 　宏碁時時檢視資訊系統狀態，且大部分的網路攻擊都被充分抵禦。企業日常皆受到各式攻擊，我們已經將近期異常事件通報多國執法及資訊保護機關。本次事件對本公司財務業務並無重大影響。我們持續強化我們的資安架構以保持營運持續性及資料完整性。我們也提醒各企業及機關遵循資訊安全原則並對於網路異常狀況更加警覺。 8. 因應措施：已採取適當因應措施。 9. 其他應敘明事項：無。				

以上資料均由各公司依發言當時所屬市場別之規定申報後，由本系統對外公佈，資料如有虛偽不實，均由該公司負責。

經由上篇的台灣證券交易所的公告說明之後，我們來看看上述的四個非裁罰案例，說明這四個案例，主要不是強調裁罰與否，而是要提醒企業及讀者，資安問題實際上已經潛藏在企業很久了，公司要做好資安，**其實不是花大錢，或者是害怕通報**，當電腦攻擊已經成為一個常態之時，**不是只有靠花錢或者害怕被公司上層責罵，拼命掩蓋就可以解決問題的**，面對資安，**應該要保持主動尋求協助的心態**，大家可以看看以下案例，就連台灣證券交易所都會受到 DDoS 的攻擊，甚至一年內被攻擊兩次，那麼目前上市櫃公司是否有更好的能力解決各種駭客或病毒的攻擊呢？這點值得各企業或讀者深思。以下事件，並非裁罰案，故未依照時間順序降冪排序。

```
資本市場資安
參考案例一
```

台灣證券交易所

（1）事件：駭客勒索比特幣，癱瘓台灣券商交易系統
（2）被攻擊單位：元大、群益、凱基、元富、大展等十多家證券商
（3）系統：券商交易系統線路
（4）時間：2017 年 2 月以及 8 月
（5）攻擊方式：DDoS 阻斷式服務攻擊

《筆者分析》

我們先來看台灣證券市場被駭的相關事件，大家不要忽略台灣資本市場在資訊業的重要性，因為資本市場裡，有外資、法人、散戶、投信、政府四大基金，所以只要一個風吹草動，整個社會經濟都會遭遇極大的震盪，不可不慎。

台灣上市公司的證券交易主管機關台灣證券交易所常常是駭客攻擊的對象，或許讀者會說這些駭客就是針對金融相關的事件，一切都是為了錢，才會發動攻擊，然而有些事件不見得就與金融經濟相關，舉個例子：2015年國際駭客組織「匿名者」亞洲支部（Anonymous Asia）因為反課綱的事情點名台灣證券交易所，並且不斷攻擊當時的教育部、總統府、國防部等

政府網站，又陸續攻擊經濟部、國民黨、新黨網站，並將台灣銀行網站列入攻擊名單。因此，不難看出，有些政治事件發生，也可能是資安要注意的範疇。

台灣目前股票下單的交易平台，大部分是由三竹資訊（股票代號：8284，目前為上櫃公司）所負責，台灣證券交易所本次事件，基本上不是交易系統的問題，而是威脅要癱瘓流量，所以我們先了解何謂 DDoS ？

《提示》：何謂 DDoS ？

阻斷服務攻擊（英語：denial-of-service attack，縮寫：DoS attack、DoS）有時亦稱為洪水攻擊，是一種網路攻擊手法，其目的在於使目標電腦的網路或系統資源耗盡，使服務暫時中斷或停止，導致其正常用戶無法存取，最常見的就是利用大量的網路流量癱瘓整個網路系統。

其實阻斷式攻擊在這幾年已經是很常見的一種攻擊技術，基本上可以透過防火牆、黑洞、流量清洗等等方式來阻斷 DDoS 的攻擊，台灣金融管理委員會（簡稱金管會）也在事件後，針對所有金融業者的資訊安全防護提出五大措施包括，建立資通安全檢查機制、設置金融業者資安通報平臺、建立資安資訊分享機制、發現遭攻擊時，業者應洽電信廠商就 DDoS 攻擊進行流量清洗、阻擋攻擊者的 IP，以及若有系統異常無法運作情事，應即時公告並擬具因應方案，並提升資安人才。筆者將交易所的五大措施，簡單

分成五類：**檢查、通報、分享、公告、人才**。這五個部分，也說明了證券交易所對於資安政策的一個方向。

在此，我們可以討論一下，有關『通報』的問題。台灣目前的通報機制基本上尚屬完備，只要有任何資安事情發生，上市櫃公司都很快能迅速通報相關單位，以 2016 年爆發的第一銀行提款機被駭事件，事件發生後，有幾個國家還派員來台學習台灣通報機制。然而，即使針對政府機關、上市櫃公司等等有規範，但目前台灣登記的中小企業尚有約 72 萬家以上（依經濟部 2021 年 1 月統計數），其中隱藏的問題與資安事件，尚無法一一得知，目前一般企業有些基於商業營運的考量，在第一時間往往認為花錢就可以了事，所以往往延誤了第一處理解決的時間，等到最後無法處理時，才會報警處理，也就是如此，往往很多資安事件，原來可以經由協助快速解決，降低損失，但卻因為延誤或者隱瞞，造成公司損失加劇，因此強化通報機制的觀念，這點是很重要的一環。

筆者再從從另一個角度切入，總統府說『資安即國安』這也是目前政府對於資安的重大宣示，行政院希望民間與政府合作，建立完整資安防護網，然而目前困難點在於，一般民間企業，乃至一般民眾，大部分都還沒有資安的觀念，觀念的問題是最難建立的，也是需要長期的投入，效果才能顯現，所以資安觀念還是要經過長期教育的投入，才能慢慢的建立起資安的防禦網。

以下為證交所 2017 年 08 月 14 日的新聞公告，也給大家做個參考：

8 月 14 日有關證券業者遭 DDoS 攻擊狀況說明

發布時間：民國 106 年 08 月 14 日 19:04

證交所表示，有關今日（8/14）國內 2 家證券商遭受 DDOS 攻擊，攻擊的來源分散，是典型的利用「殭屍電腦」攻擊手法，造成其中台新證券網路下單系統服務緩慢，台新證券及時通知電信廠商啟動流量清洗機制，已於今天 9 點 32 分恢復正常運作。另一家大眾證券網路流量雖有異常情形，但網路下單系統運作正常。

國內券商今年 2 月初曾遭受駭客大規模攻擊，證交所成立緊急應變小組，協調三大電信業者，協助證券業者導入流量清洗機制。本日 2 家遭受 DDOS 攻擊的業者均已建立流量清洗機制，這一次也確實發揮了防衛的效果。

證交所已透過「資安資訊分享平台」，發布資安警訊，請業者持續對 DDOS 攻擊保持警覺，證交所也會加強證券商網路下單網站監控作業，適時提醒業者注意並採取防護措施，以維護交易市場的正常運作。

資本市場資安
參考案例二

台積電（股票代號：2330）

（1）事件：台積電遭病毒攻擊，部分產線停擺

（2）被攻擊單位：台積電

（3）系統：機台停擺

（4）時間：2018 年 8 月

（5）攻擊方式：據傳是 WannaCry 病毒，但筆者認為是 SOP 流程上的疏忽

《筆者分析》

首先，我們先看一下，當時台積電分別在 2018 年 8 月 4 ～ 6 日的三篇重大訊息公告內容：

本資料由（上市公司）2330 台積電 公司提供

序號	1	發言日期	107/08/04	發言時間	15:26:14
發言人	何麗梅	發言人職稱	資深副總經理暨財務長	發言人電話	03-563-6688
主旨	台積公司針對 8/3 電腦病毒感染事件說明				
符合條款	第 51 款	事實發生日	107/08/04		
說明	1. 事實發生日：107/08/04 2. 公司名稱：台灣積體電路製造股份有限公司。 3. 與公司關係 (請輸入本公司或子公司)：本公司 4. 相互持股比例：不適用。 5. 發生緣由：不適用。 6. 因應措施：不適用。 7. 其他應敘明事項： 台積公司於 8 月 3 日傍晚部分機台受到病毒感染，非如外傳之遭受駭客攻擊，台積公司已經控制此病毒感染範圍，同時找到解決方案，受影響機台正逐步恢復生產。 受病毒感染的程度因工廠而異，部分工廠在短時間內已恢復正常，其餘工廠預計在一天內恢復正常。				

序號	1	發言日期	107/08/05	發言時間	16:46:21
發言人	何麗梅	發言人職稱	資深副總經理暨財務長	發言人電話	03-563-6688
主旨	台積公司公布電腦病毒感染事件影響				
符合條款	第 51 款	事實發生日	107/08/05		
說明	1. 事實發生日：107/08/05 2. 公司名稱：台灣積體電路製造股份有限公司。 3. 與公司關係 (請輸入本公司或子公司)：本公司 4. 相互持股比例：不適用。 5. 發生緣由：不適用。 6. 因應措施：不適用。 7. 其他應敘明事項： 台積公司今（5）日針對電腦病毒感染事件提供進一步說明，台積公司於 8 月 3 日傍晚受到電腦病毒感染，影響台灣廠區部分電腦系統及廠房機台，受病毒感染的程度因工廠而異，台積公司已經控制此病毒感染範圍，同時找到解決方案，至台灣時間下午兩點為止，約 80% 受影響的機台已經恢復正常，台積公司預計在 8 月 6 日前，所有受影響機台皆能夠恢復正常。 台積公司預估此次病毒感染事件將導致晶圓出貨延遲以及成本增加，對台積公司第三季的營收影響約為百分之三，毛利率的影響約為一個百分點。台積公司有信心第三季晶圓出貨延遲數量將於第四季補回，全年業績展望以美元計仍將維持 7 月 19 日所說的高個位數成長。 台積公司多數客戶皆已收到相關事件的通知，我們也正與客戶緊密合作，溝通其晶圓交貨時程，台積公司將在未來幾天內與個別客戶溝通細部資訊。 此次病毒感染的原因為新機台在安裝軟體的過程中操作失誤，因此病毒在新機台連接到公司內部電腦網路時發生病毒擴散的情況。惟台積公司資料的完整性和機密資訊皆未受到影響，台積公司已採取措施彌補此安全問題，同時將進一步加強資訊安全措施。

序號	3	發言日期	107/08/06	發言時間	17:52:04
發言人	何麗梅	發言人職稱	資深副總經理暨財務長	發言人電話	03-563-6688
主旨	台積公司針對 8/3 電腦病毒感染事件說明				
符合條款	第 51 款	事實發生日	107/08/06		
說明	1. 事實發生日：107/08/06 2. 公司名稱：台灣積體電路製造股份有限公司。 3. 與公司關係 (請輸入本公司或子公司)：本公司 4. 相互持股比例：不適用。 5. 發生緣由：不適用。 6. 因應措施：不適用。 7. 其他應敘明事項： 台積公司曾於 8 月 5 日下午 4:30 分發布新聞稿，針對 8 月 3 日傍晚受到電腦病毒感染事件做出說明。今日（8/6）台積公司在交易所舉行記者會，對此事件做更詳細及完備的說明。 誠如 8 月 5 日新聞稿所言，台積公司於 8 月 3 日傍晚受到電腦病毒感染，影響台灣廠區部分電腦系統及廠房機台。台積公司立即啟動緊急應變程序，並在經過詳細調查之後，台積公司對此事件做以下說明： 1. 此次事件肇因為新機台在安裝軟體的過程中發生操作失誤，台積公司於 8 月 3 日安裝新機台時並未將此機台於連結網路前先隔離確保無病毒，造成病毒進入公司網路。 2. 此病毒為 WannaCry 的一個變種，造成感染後的機台當機或是重複開機。 3. 此次受到感染的機台與自動搬運系統，以及相關的電腦系統，主要是使用 Windows 7 卻未安裝修正軟體於機台自動化介面，以致受影響的機台無法運作以及部分自動搬運系統無法正常運作。 4. 台積公司主要的電腦系統，包括生產製造資料庫以及客戶資料，都不受到此次病毒影響。 5. 台積公司於事件發生後，立刻將受影響的機台以及自動搬運系統停機，並全數安裝修正軟體。

台積公司預估此次病毒感染事件將導致第三季晶圓出貨延遲，對第三季營收的影響將不超過百分之二。此事件亦導致第三季毛利率下降約一個百分點。台積公司有信心第三季晶圓出貨延遲數量將於第四季全數補回。因此全年業績展望仍將維持 7 月 19 日所說的高個位數成長。

台積公司未來將持續加強並嚴格落實標準作業程序（SOP）；此外，台積公司將持續了解病毒趨勢，在工廠立即做相對應的防毒措施，並進一步加強資訊安全防護。

以上資料均由各公司依發言當時所屬市場別之規定申報後，由本系統對外公佈，資料如有虛偽不實，均由該公司負責。

從以上公告，我們可以發現，台積電該事件的問題，不在於公司沒有做資安，以台積電排除病毒的狀況，就可以了解，台積電的資訊安全，排除問題的能力非常之迅速，所以病毒入侵只是整個過程中的插曲。

那麼問題在哪裡呢？

答案就是：沒有遵照內控規定。

大家都很清楚，有絕大部分的駭客之所以能入侵，大部分都出在流程上的漏洞，有些人因為某個作業認為不重要，或者跳過某些該有的流程，只為貪圖方便，就直接跳過該有的程序，也就是這種心態，因而常常導致不可收拾的結果。

所以台積電最後聲明，要加強資安，筆者認為是錯誤的結論，台積電既然能夠解決病毒，那表示他們資安的軟、硬、韌體上，都有一定水準，換句話說，問題就在如何加強流程管理。

假使，這次事件是被駭客透過各種後門、木馬……各種手法攻破台積電主機，造成重大災害，台積電或許可以對外聲明加強資安控管。但很明顯的，這次是 SOP 出了錯，才造成的結果，因此，類似此種狀況，到底要不要算是資安問題，還是需要釐清。筆者再簡單一點的解釋，一個公司已經做好各種資安防護，結果，不是資安出問題，而是意想不到的人為疏失，那請問該如何防範這個人為疏失呢？

所以，就算銅牆鐵壁，也會敗在一個不注意的，資安還是切莫忽略人的因素啊！

資本市場資安
參考案例三

雄獅旅行社 （股票代號：2731）

（1）事件：雄獅旅遊因個資外洩，遭消基會求償 363 萬餘元
（2）被攻擊單位：雄獅旅遊
（3）系統：員工電腦作業系統
（4）時間：2017 年 5 月
（5）攻擊方式：境外 IP 攻擊，致使網路流量異常，網速降低

《筆者分析》

筆者舉雄獅旅遊為例的原因，在於雄獅旅遊營運上，是一個筆者認為很有創新的公司，大家可以從新聞上看到，坊間也有很多旅行社存在，但是卻難以望其項背呢？雄獅旅遊的營運團隊，也是從小小的旅行社開始，然而，當他們擴張到一定規模之後，他們開始投入資訊領域，大家或許會以為，雄獅旅遊只是到處開很多服務據點，但其實不然，他們資訊團隊佔公司營運員工人數的比例極高，所以目前與其說雄獅在做旅遊服務，還不如說他們將旅遊產業資訊化。

然而，這些過程當中，首當其衝就是資安的問題，試想，全台灣，包括外國人，只要向雄獅訂機票、參加旅遊行程、閱讀旅遊資訊等等，有多少萬筆資料掌握在雄獅旅遊的資料庫內呢？這估計出來鐵定是非常龐大的。當旅行社手上握有如此珍貴的資料庫時，加上其全國的服務據點眾多，一個不注意所有各式各樣想竊取個資的方式，很快就會想盡各種方法趁虛而入。

以下筆者還是引用雄獅旅遊在 2018 年 3 月 1 日的公開重大訊息公告部分內容：

本資料由（上市公司）2731 雄獅　　公司提供

序號	1	發言日期	107/03/01	發言時間	15:20:18
發言人	裴信祐	發言人職稱	總經理	發言人電話	8793-9000
主旨	說明消基會今日召開記者會及媒體引用消基會新聞稿報導內容				
符合條款	第 51 款	事實發生日	107/03/01		
說明	1. 事實發生日：107/03/01 2. 公司名稱：雄獅旅行社股份有限公司 3. 與公司關係 (請輸入本公司或子公司)：本公司 4. 相互持股比例：不適用 5. 傳播媒體名稱：消基會、ETtoday、中時電子報、自由時報、經濟日報、中央通訊社 6. 報導內容： 　　雄獅消費者個資外洩 消基會團訟求償 363 萬				

說明	7. 發生緣由： 消基會舉辦記者會及媒體引用消基會新聞稿報導內容，說明擬將代消費者對本公司提起團體訴訟並請求損害賠償新臺幣 3,639,592 元。 8. 因應措施： （一）自去年（106 年）5 月遭 IP 位置來自於境外之不法人士入侵員工電腦作業系統，致個資外洩事件發生後，本公司即盡力配合檢調及相關機關進行偵查，並以電話或簡訊通知客戶注意避免詐騙行為，故消基會指稱消費者因本公司個資外洩而有損害云云，恐屬誤會。 （二）本公司尊重客戶選擇以司法途徑消除雙方紛爭，並將委請律師提供協助，期望司法程序得儘速釐清本公司清白。 （三）本公司就前揭網路攻擊事件已為即時及妥善之處理，並賡續致力提升本公司資安防護措施，希望持續為消費者提供最高等級之保障。 （四）本公司之營運及出團狀況均未受本事件影響，懇請社會大眾放心。 9. 其他應敘明事項：無。

以上資料均由各公司依發言當時所屬市場別之規定申報後，由本系統對外公佈，資料如有虛偽不實，均由該公司負責。

筆者看到該公告之後，隔天 UDN 新聞標題寫：『個資外洩消基會求償 雄獅：公司被駭也是受害者』，雄獅後續並沒有針對該新聞再發任何公告澄清，因為公司未澄清，所以我們先假設記者寫的為真，筆者就以上觀點做評論及分析。

首先，將產業資訊化的過程中，應該就能『預見』會有駭客入侵的問題，是以加強資安本來就是責無旁貸之事，但是公司卻說自己也是受害者，這就有問題了。

其次，公司在發生個資外洩之後，接著就有詐騙集團開始利用該事件，到處行騙，這並非沒有前例，因為在民國 106 年 4 月份，另一家大型旅遊公司「可樂旅遊」，就已經發生了個資外洩，訂票民眾被詐騙的事，這已經不是可『預見』之事，而是有前車之鑑，且是必然會發生之事，然而，公司直到有人受害之後，才於 106 年 5 月 23 日才在重大訊息裡公告有詐騙情事，內容如下：

本資料由	（上市公司）2731 雄獅	公司提供

序號	1	發言日期	106/05/23	發言時間	16:05:15
發言人	裴信祐	發言人職稱	總經理	發言人電話	8793-9000
主旨	公告本公司今日召開記者會內容				
符合條款	第 49 款	事實發生日	106/05/23		
說明	1. 事實發生日：106/05/23 2. 公司名稱：雄獅旅行社股份有限公司 3. 與公司關係 (請輸入本公司或子公司)：本公司 4. 相互持股比例：本公司 5. 發生緣由： 緣本公司日前遭 IP 位置來自於我國境外之不法人士，入侵員工電腦作業系統，竊取消費者購買 FIT（機票、訂房或自由行）商品訂單資料，可能涵蓋旅客姓名、聯絡電話及購買商品內容，但參團旅客資料及所有信用卡交易訊息均未外洩。 目前接獲通報，不法人士於竊取消費者聯絡個資後，有假冒謊稱為本公司員工，並以訂單錯誤、重複扣款等虛偽不實理由向消費者進行詐騙。				

說明	6. 因應措施：
	本公司立即向警察機關報案並請求協助偵辦，已請外部專業資安防護顧問公司進場協助提升資訊防護並提升加密等級，所有駭客造成的資安系統破壞均已修復，並持續加強資訊安全管理。
	本公司為求謹慎，特別呼籲近四個月內購買上述產品的民眾防範遭受詐騙。本公司亦將透過簡訊、電話通知、網站聲明及本公司所有實體通路門市，向消費者說明並提醒：「本公司不會以電話要求提供信用卡資料或要求至 ATM 轉帳或至任一金融機構要求匯款至不明帳戶等動作，亦不會以訂單錯誤或重複交易為理由要求消費者提供帳戶資料，消費者若有疑惑或問題，請撥打至本公司客服專線 02- 87939696 或反詐騙專線 165」。
	目前本公司營運及出團狀況均正常，不受影響，請消費大眾安心。
	本公司除全力配合檢警機關偵辦本案，並呼籲政府相關部門重視境外駭客對我國企業與線上交易之危害，維護我國商業交易機制之安全。
	7. 其他應敘明事項：無。

以上資料均由各公司依發言當時所屬市場別之規定申報後，由本系統對外公佈，資料如有虛偽不實，均由該公司負責。

筆者根據以上的兩點分析及新聞報導，做個結論，在資訊化的過程當中，很多資安的問題，都是『可預見』的問題，如果這個可預見的問題，卻沒有去預防，那如何做到資安的基本門檻呢？如果如 UDN 新聞所說，公司還自稱受害者，那麼是否**前面幾篇所提到的案例，受害的單位都以受害者之態出現就好了**，難道這就是公司該有的解決問題的能力嗎？

同樣的，大家都想問，如果是這樣，那麼數十萬筆資料外洩的受害人，又該要以甚麼身分出現呢？消基會總不會讓兩個受害者（雄獅以及個資外洩客戶）互告吧？

可預見卻不預防，這樣所謂要加強資安不就是空談嗎？資安的事件發生，這已經不是甚麼新鮮事了，有一點筆者還是得說，危機有時是轉機，如果每家公司都要消費者自己承擔後果，那就違反了信賴原則，讀者不要以為做好資安，不能幫公司賺錢，尤其是現在越來越重視資訊安全的時代裡，消費者不見得對資安不買單，當你搖著資安的大旗，很難說消費者不會主動投懷送抱，就如前面所言，產業型態一直在變，誰都無法預測。

資本市場資安
參考案例四

大車隊（股票代號：2640）

（1）事件：台灣大車隊的司機，利用「55688 App」多元行動支付系統，充分授權司機迅速付款的漏洞，取得民眾信用卡資訊詐騙金錢

（2）被攻擊單位：台灣大車隊

（3）系統：55688 App 多元行動支付系統

（4）時間：2017 年 11 月

（5）攻擊方式：APP 迅速付款漏洞

《筆者分析》

最近很多新聞都在討論，公司內部資料外洩的問題，問題點在於公司內部員工跟外部不法集團相互配合，但這個台灣大車隊比較特殊一些，**這些司機不是員工，而是會員**。近年產業型態已經有些改變，經營母體，通常不見得需要自己花大錢建置設備等等，只要靠著橫向整合，就能成功開創另一個事業模式。

在台灣，如果說橫向整合，有個行業在台灣早已存在非常久了，那就是計程車業，過往計程車除了自營之外，大部分都會『靠行』，計程車行便會將

業務分派給這些計程車，當然，隨著時間演化，產業也要跟著改變，但本質上還是不變，所以不管如 Airbnb、Uber、台灣大車隊這類的公司，加入這些團體的人，都只是會員，並非員工，因此，先界定清楚，這個事件，基本上都是**外部人**所為，再次強調，我們可以加入很多法人團體，但不代表加入就是內部人。

筆者服務過的某公司，曾經是台灣大車隊的合作廠商，過往筆者出差或者拜訪公司客戶，搭車時都會跟小黃的司機閒聊，聽到司機抱怨台灣大車隊制度的司機，佔了絕大部分，就某種程度來說，會爆發這種利用 APP 漏洞來詐取金錢，似乎早就有跡可循，然而，如果以一般計程車司機能發現這個漏洞應該機會不大，想當然爾，最有可能的，就是背後有人指導。

筆者認為，有些時候，可怕的地方就是在於這種身分界定不清的問題，筆者在保險局第十七件裁罰案合作金庫人壽保險（股）公司會提到**最小授權原則**，這案例似乎有違反最小權限原則，但這些會員，本質上並不算是員工，但為了要給予某些實質上的便利性，因此不得不給予這些參加的會員必要的權限，這時灰色地帶就會出現，權限不符卻能使用較高的權限，而且是『充分授權』，同時，這個權限又必須要開放給所有會員，這才是最棘手的地方，稍不注意，除了公司可能造成損失，其他客戶也可能跟著受害。

其次，筆者討論一下付款的問題，在美國，有些公司都跟 paypal 合作，也就是扣款後，會有幾天左右時間先由 paypal 將錢先保留住，等到合作雙方都沒產生交易問題，再把錢匯入上游的公司，相較之下，台灣大車隊這個案例裡，就沒有這個機制，只為了快速付款，並沒有考慮到交易糾紛產生，所以，當外部團體發現這個漏洞時，很自然就會進行攻擊。這點公司

就沒有充分保護到消費者利益，造成消費者損失，公司內部跟銀行雙方是否也要深入檢討這個問題呢？

最後，中時在 2017 年 11 月曾經報導，交通部擬修法，讓計程車司機可加入多個車隊 ，以目前狀況而言，現在計程車營業的問題還很多，筆者在此就不著墨太多，只是如果台灣大車隊將來想建立資料庫，那麼他掌握的資料可是數萬名的計程車司機與客戶的個資，加上又可以加入多個車隊跨行聯繫，資安勢必又是一堆問題。不過，大家也毋須太過驚訝，本來開放越多，問題自然也越多，這是很正常的。但是以一個企業的角度來說，既然都要做到大量運用資訊軟體，那麼相對的就要提升某些必要的資安觀念，除了避免糾紛，也是保障消費者，更保障到旗下的司機權益。

企業資安裁罰案件分析

第 2 篇
《保險局篇》

保險局簡介：

「金融監督管理委員會保險局」，簡稱保險局，該局主要為監督我國之保險局等相關業務，目前共分四個業務組：

一、 綜合監理組：主要負責保險監理政策、保險綜合監理、保險犯罪、消費者保護、保險教育、國際與兩岸保險事務、以及保險代理人、經紀人與公證人等業務之監督及管理；

二、 產險監理組：負責強制汽車責任保險、災害保險、財產保險、保險業公司治理、財產保險商品、新種財產保險商品以及保險業集團監理等業務之監督及管理；

三、 壽險監理組：負責人身保險財務業務監理、商品審查、新種商品之推動及管理、人身保險業股權管理與合併之監督及管理、勞工退休金制度、行銷通路（含保險業務員）以及保險爭議處理等業務之監督及管理；

四、 財務監理組：除負責保險精算統計、各種準備金制度、清償能力制度、簽證精算人員制度、會計制度、財務、業務報告、資金運用及退場機制之規劃及法規研訂外，並納入保險業風險管理制度及預警系統之推動管理。

-- 以上資料來源為保險局首頁之沿革 --

保險局主要資安裁罰對象

1. 國內外之壽險業及產險業
2. 國內外之保險經紀人公司

本章收錄之保險局資安裁罰案件，共收錄了 **20** 篇：國內壽險業 12 篇、國外壽險業 4 篇、國內產險公司 3 篇、國內保經公司 2 篇

《提示》：「保險經紀人公司」跟「保險公司」，有何差別？

兩者都是在販售保險的公司，保險經紀人公司主要業務，是依客戶需求，在保險市場裡挑選適合的保險公司的產品給客戶，當然，保險公司也是一樣依客戶需求挑選適合的產品給客戶。差別在於，**經紀人公司**不一定為特定的保險公司販售保險商品，可能推銷給客戶不同保險公司的產品，主要為經紀的角色，簡單說即**媒合的角色**；而**保險公司**只為自己的公司，推銷**自家的商品**。

第一件裁罰案

裁罰對象：台灣人壽保險（股）公司

裁罰日期：2021/03/23

裁罰標題

台灣人壽保險股份有限公司辦理保險業務，核有違反保險法相關規定，依保險法規定核處罰鍰新臺幣 320 萬元，並依同法第 149 條第 1 項規定予以 7 項糾正。

主旨

查貴公司辦理保險業務，核有違反保險法相關規定（詳一般業務檢查報告，編號 108F133、有價證券投資業務專案檢查報告，編號 108S047 所列之檢查意見二（四）），依保險法第 168 條第 8 項、第 171 條之 1 第 5 項規定核處罰鍰新臺幣（以下同）320 萬元，並依同法第 149 條第 1 項規定予以 7 項糾正。

《裁罰內容有關資訊安全之違法事項》

（前 1 ～ 8 點省略）

九、　辦理資訊安全防護及管理作業有下列缺失（如檢查意見三（六）、檢查意見三（七）、檢查意見三（八）2、檢查意見三（十）），如：

（一）辦理弱點掃描作業，有掃描範圍欠完整之情形，如：各分公司
之 AD 網域伺服器、檔案伺服器、郵件防毒伺服器及電子郵件
伺服器等，均未納入辦理弱點掃描之範圍。

（二）有關 F-ISAC（金融資安情資分享分析中心）資安情資或警訊通
報之處理，有下列事項欠妥：

1. 對 F-ISAC 通報之資安情資或警訊，雖能由資安專責單位收
集，並交付相關系統管理人員進行處理及作成紀錄，惟尚
未訂定標準程序或作業規範，不利作業遵循。

2. 對所收到資安情資有未留存評估及處理等相關作業紀錄，
不利追蹤是否有效運用該等情資，以提升資訊安全，如：
F-ISAC 於 107.12.23 通報之勒索軟體防護 5 項建議措施及
DDOS 安全防護 4 項建議措施、2019 F-ISAC 資安情資月報
（第 3 期）及 2019 F-ISAC 資安威脅分析報告（第 9 期）等
資安情資。

（三）團體保險服務系統（團保 B2B）之保戶密碼皆以明碼儲存於資
料庫內，不利資訊安全。

（四）伺服器主機維護及管理作業，有下列事項欠妥：

1. 依所訂「作業安全管理規範」，系統管理者應每年定期檢視
各項安全參數是否符合標準，惟所訂檢視項目及標準有欠
完善：

（1）檢視項目未包含「密碼複雜度」、「密碼重覆代數」、
「密碼輸入錯誤鎖定次數」者，如：CAS 系統之安全參
數檢核清單、LSP 系統之安全參數檢核清單。

（2）檢核標準有與內規不符者，如：UNIX 系統安全參數檢核清單（含 AIX 系統）之密碼重複代數訂為 1（histsize=1），與自訂「資訊系統權限管理規則」第八條、二「（四）重複代數：至少與前三代不可重複。」規定不符；CAS 核心系統、LSP 核心系統、Vlife 核心系統及 X86 系統之資料庫檢核清單，密碼長度訂為 6 碼以上，與自訂「資訊系統權限管理規則」第八條、二「（一）長度：至少為 8 位（含）」規定不符。

2. 伺服器主機安全參數設定，與自訂「資訊系統權限管理規則」規定不符：

（1）Linux 伺服器主機之使用者密碼未設定有效期限，核與前揭規則第八條、二「（四）有效週期：三個月。公司內部系統為強制變更」規定不符，如：網路投保系統（HQ0LUX005、HQ0LUX006、HQ0LUX007、HQ0LUX008、HQ0LUX009）、銀保 / 保經代網路投保 Adapter（hq0lux041）、保戶的家（HQ0LUX064、hq0lux065、HQ0LUX066、HQ0LUX067）之 etc/shadow 檔案內之 root 密碼最長使用期限採預設值設定（99999 天，即密碼永不過期）。

（2）AIX 伺服器主機檔案及目錄預設權限設定過於寬鬆，未依檢核清單所訂標準設定者，如：UNIX 系統安全參數檢核清單（含 AIX）所訂檔案及目錄權限設定標準為 27（umask=027，不允許其他人讀取目錄或檔案），惟有部分應用系統伺服器主機採預設值設定

（umask=22，允許其他人讀取目錄或檔案），如：展業專區系統（IBM P8 S814）、VLIFE 核心系統（PRD_DB、IBM P8 S822、VIOS1）、王安團體終身險系統（Wpar53）。

3. 辦理 108 年度上半年伺服器主機及資料庫使用者帳號及權限清查作業，有下列事項欠妥：

（1）所清查之伺服器主機有缺漏者，如：內勤保單查詢系統（HQ0W12026、HQ0W16113）、團險 B2B 系統（HQ0W12071）等主機。

（2）資料庫之使用者帳號有未說明權限及用途者，清查有欠嚴謹，如：電話行銷系統資料庫（HQ0W16059）、車貸房貸通報／查詢系統資料庫（HQ0W16060）、行動保 1.0 資料庫（MISSVR3）。

《理由及法令依據》

（前一～四點省略）

五、 上述事實三、六、七、八、九等 5 項，違失事實明確，核有有礙健全經營之虞，分別**依保險法第 149 條第 1 項**規定（法令參考如下）予以糾正。

第 149 條

保險業違反法令、章程或**有礙健全經營之虞**時，主管機關除得予以糾正或令其限期改善外，並得視情況為下列處分：

一、 限制其營業或資金運用範圍。

二、 令其停售保險商品或限制其保險商品之開辦。

三、 令其增資。

四、 令其解除經理人或職員之職務。

五、 撤銷法定會議之決議。

六、 解除董（理）事、監察人（監事）職務或停止其於一定期間內執行職
務。

七、 其他必要之處置。

《筆者分析》

該裁罰案有許多點值得注意，我們分成下列幾點來討論：

A. 該案在辦理弱點掃描時，掃描範圍有不足之處，那麼弱點掃描該有哪些
範圍需要注意的呢？

首先，我們先了解何謂弱點掃描，

《提示》：何謂弱點掃描？

即外包的顧問公司使用一些**已經寫好的駭客常用的程式碼程式，對
系統進行檢測，找出所有已知的風險與漏洞**。這種測試就比較依賴
測試公司工程師本身的品質，不同公司、不同程式碼、不同種類的
規則，都會有不同的結果。因為是程式自動化掃描，可以一次做大
規模數量的掃描，但也因為程式自動化，恐有誤報的問題，同時可
能也無法提供修補建議。

弱點掃描主要分成兩個部分：**系統弱點掃描**與**網路弱點掃描。**

筆者引用**行政院國家資通安全會報技術服務中心**資安服務 RFP 的範本來說明其弱點測試所介定之範圍。根據行政院資通安全會報技術中心的《政府機關弱點掃描服務委外服務案建議書徵求文件（V3.0）》，其系統弱點掃描與網路弱點掃描至少包含以下兩個部分：

（一）系統弱點掃描

係針對作業系統的弱點、網路服務的弱點、作業系統或網路服務的設定、帳號密碼設定及管理方式等進行弱點檢測，系統弱點掃描的檢測項目須符合 Common Vulnerabilities and Exposures（CVE）發布的弱點內容（最新版），至少包含以下項目：

1.　作業系統未修正的弱點掃描
2.　常用應用程式弱點掃描
3.　網路服務程式掃描
4.　木馬、後門程式掃描
5.　帳號密碼破解測試
6.　系統之不安全與錯誤設定檢測
7.　網路通訊埠掃描

（二）網站弱點掃描

係針對機關對外主機網頁安全弱點進行掃描，檢測項目須符合最新版 OWASP TOP 10 2017 的項目：（官方網站如有公布更新資訊內容，請廠商以最新內容檢測）

1. A1：Injection 注入攻擊

2. A2：Broken Authentication 認證失敗

3. A3：Sensitive Data Exposure 敏感性資料曝露

4. A4：XML External Entities（XXE）外部實體攻擊

5. A5：Broken Access Control 無效的存取控制

6. A6：Security Misconfiguration 安全性配置錯誤

7. A7：Cross-Site Scripting（XSS）跨網站指令碼

8. A8：Insecure Deserialization 不安全的反序列化

9. A9：Using Components with Known Vulnerabilities 使用已知漏洞元件

10. A10：InsufficientLogging&Monitoring 不充分的日誌記錄與監控

（以上資料引用自行政院資通安全會報技術中心的《政府機關弱點掃描服務委外服務案建議書徵求文件（V3.0）》）

當然，實際弱點掃描範圍，還是需要與提供服務的廠商討論之後，在執行掃描。而台灣人壽（股）公司這個裁罰案，該違反事項，主要是未把**各分公司**之 AD 網域伺服器、檔案伺服器、郵件防毒伺服器及電子郵件伺服器等，納入辦理弱點掃描之範圍，從上述的違法事項可以看出，台灣人壽（股）公司在與測試廠商討論時，只簽定了**母公司主機之弱點測試，忽略了分公司**，從此點我們可以了解，金管會的要求是，各種資安測試，既然要做，就要<u>**一體適用，全部都測試，不能只做部分**</u>，千萬不要認為主管機關只針對母公司做抽核，而抱有不會連子公司都會被全查的僥倖心態，此點是企業一定要注意的地方。

B. 我們接著來看該項懲處案的第二點，有關於金融資安情資分享分析中

心（F-ISAC），金管會在 2017 年設置該單位，**主要是為了做到資安聯防及整合其他外部單位，蒐集及分析各項情資，期望能夠化被動為主動，有效達到資安的目標。目前服務對象包含銀行、保險、證券期貨、投信投顧等各業別金融機構，提供通報、情資研判分析、資安資訊分享、協處資安諮詢與評估、研討會教育訓練及國際交流、協助資安事件應變處理、金融機構資安演練、協助資安規範評估與建議等 9 大服務功能，我們在下一件裁罰案會有提示說明，在此先做個簡單的介紹。**

該項缺失的問題在於，台灣人壽（股）公司，沒有訂定標準程序或作業規範，簡言之，沒有書面內控及流程，所以也提醒，目前金管會都希望盡可能先**強化內控，訂出書面內控及流程**。並且要求**要持續追蹤**，也就是每次資安單位都要把各種記錄，做成底稿留存，並且隨時追蹤處理進度。事件完成後，也要把各個案件處理過程保留並留下記錄。這些要求，在後續的裁罰案都會一直重複出現，這也就是本書一直會強調的重點，且必須注意的地方。

C. 台灣人壽（股）公司在其團保服務系統中，皆以明碼的方式儲存於資料庫裡，正常來說，我們要有個資安的基本概念，那就是**存放在資料庫裡的資料，最好能夠以加密、截斷、遮罩或雜湊等方式處理**，這主要是因為，當發生資安災害的時候，**讓入侵者沒有辦法在第一時間內就得到內部資料**，故此缺失也明白的點出了**加密防護**的重要性。

D. 此項缺失是有關於制定的維護及管理作業的問題，這點簡單說，就是訂了標準，就要**定期檢視**是否有正確去執行，或者有邏輯不通、與事實有落差的問題。我們訂了規定，就要定期去檢視，定期去修改，畢竟，我們面對的敵人越來越進步，所以資安的要求越來越細密，如果沒有定期

檢視自己所定之規定，那麼制度的落實就會流於形式、落後或者是僵化的狀態，這在資安的領域中，是不允許的。關於伺服器主機維護的缺失，裁罰內容有明確點出以下幾點問題，也是大家要注意的地方：

（A）密碼複雜及輸入次數需要與規定相符。

（B）密碼的有效期限須嚴格強制定期更新。

（C）目錄及權限設定不宜過於寬鬆。

（D）使用者帳號需要有明確的權限說明，此外，不同載具上，使用者必須明確劃分清楚，並保持使用者權限的一致性。例如手機 APP 與電腦使用時，須能判定運作平台，是在手機還是電腦使用？使用手機時，是否有遵守手機板的權限？使用者登入後資料是否一致？如果不一致，是否有說明原因？

《裁罰結果》

本案有關資安的部分，依保險法第 149 條第 1 項規定予以『糾正』，無罰緩之處罰。

《總結》

1. 任何資安測試，都需一體適用，切莫只做部分而忽略全體。

2. 須訂定明確書面制度，落實內控，並定期追蹤。

3. 資料庫資料儲存，須以加密、雜湊、截斷或遮罩方式處理。

4. 需定期檢視制度及權限。

第二件裁罰案

裁罰對象：新光人壽保險（股）公司

裁罰日期：2020/12/25

裁罰標題

新光人壽保險股份有限公司辦理保險業務，核有違反保險法相關規定，依保險法規定核處罰鍰新臺幣 720 萬元整及予以 5 項糾正。

主旨

有關本會對貴公司一般業務檢查報告（編號：108F134 號）所提缺失事項，查貴公司辦理保險業務，違反保險法等相關規定，依保險法第 171 條之 1 第 4 項及第 5 項規定核處罰鍰新臺幣（以下同）720 萬元，並依同法第 149 條第 1 項規定予以 5 項糾正。

《裁罰內容有關資訊安全之違法事項》

（本案僅六、七兩項與資安有關）

六、 檢查意見一（四）2.3. 網路安全防護作業，有下列事項欠妥，核有礙健全經營之虞：

（一）對弱點掃描之結果有未依內部規定期限完成系統漏洞修補者，如：抽查 107 年第二次弱點掃描複測結果仍有 2 個「高」

（High）風險與 3 個「中」（Medium）風險等級弱點，迄檢查結束日尚未修補完成，弱點追蹤作業核欠確實，系統風險偏高。

（二）未建立機制定期檢視對外服務網站傳輸資料加密方式是否妥適，且檢查期間發現對外服務網站存有資安弱點，如：商機服務系統、新光人壽官網、網路投保等網站，皆未採用 Content-Security-Policy 防禦跨網站指令攻擊、Referrer-Policy 保護資訊洩漏及 Feature-Policy 管控特定應用程式介面（API）或瀏覽器功能等安全標頭（Headers）。

七、 檢查意見三（九）有關 F-ISAC（金融資安情資分享分析中心）資安情資或警訊通報之處理，有下列事項欠妥，核有礙健全經營之虞：

（一）目前 F-ISAC 資安情資由「資訊安全部」負責，於接獲相關情資或警訊後通知相關單位修補或處理，惟尚未訂定標準程序或作業規範，不利作業遵循。

（二）資訊安全部對所接獲資安情資或警訊，雖每季提供彙整清單供資訊中心據以檢視及加強現行資安防護，惟有未追蹤後續辦理情形，不利確認情資之有效利用，如：108 年第一季及第二季金融資安資訊分享與分析中心（F-ISAC）分享情資簽辦單，資訊安全部會辦資訊中心各單位後，於意見欄僅說明「已會辦資訊中心各單位，並依權責辦理。」、「副資訊長及資訊中心各單位已會辦完畢。」，隨公文檢附之「F-ISAC 情資及防護建議」彙整檔，其「狀態」、「負責單位」、「負責人員」、「處理說明」皆空白。

《理由及法令依據》

（前一～四點省略）

上述事實六及七，違失事實明確，依保險法第 149 條第 1 項規定，予以糾正。

（同案例一）

《筆者分析》

這個裁罰案件，筆者主要要強調是這段裁罰內容：

『**未建立機制定期檢視對外服務網站傳輸資料加密方式是否妥適**，且檢查期間發現對外服務網站存有資安弱點，如：商機服務系統、新光人壽官網、網路投保等網站，皆未採用 Content-Security-Policy 防禦跨網站指令攻擊、Referrer-Policy 保護資訊洩漏及 Feature-Policy 管控特定應用程式介面（API）或瀏覽器功能等安全標頭（Headers）』

通常在檢視網頁時，標頭（Headers）通常是最容易被忽略的，通常非加密的連線是 http：// 開頭，與加密之後的 http『s』：//，多了一個 s 的不同，目前大部分開發商都會以加密連線的方式來開發相關系統，換句話說，如果有惡意的 cookie 或者彈跳視窗出線，通常就會有阻隔關閉惡意連結的效果。

這段裁罰內容舉了三個主要對外服務網站（商機服務系統、新光人壽官網、網路投保），都未進行加密防範，這個會有甚麼問題呢？假設沒有進行

加密，此時就會出現一些漏洞，例如有些入侵者就會偽造網頁來進行覆蓋原網頁，也就是我們常聽到的假連結出現。

本次裁罰內容列舉的幾個缺失，我們做個簡單的說明：

1. Content-Security-Policy 防禦跨網站指令攻擊，這個指令的設置，就是避免內容被複製或者被拷貝。
2. Referrer-Policy 保護資訊洩漏，這個設置，主要是能夠偵測原始連結頁面，避免有些重要的資料外洩，不過有點要注意，這個保護資訊洩漏，主要只是避免來源被攻擊，但不允許用假的連結去製造不必要的問題。
3. Feature-Policy 管控特定應用程式介面（API），這個管控功能可以透過在瀏覽器內設定哪些網頁是默許可以直接瀏覽，或者修改某些功能默認的 API，在這個『政策』之下，是可以有選擇的權利的。

以上三點，基本上都對於開發商來說，目前都沒甚麼困難的，未來應該可以很快修正此問題。

另外，該裁罰案件，又出現一次 F-ISAC（金融資安情資分享分析中心）資安情資或警訊通報之處理的糾正案，從上一個台灣人壽（股）公司的裁罰內容，到新光人壽保險（股）公司，都重複出現金融資安情資分享分析中心的糾正內容，我們不難發現，目前這兩家公司都未訂定書面的規範，同時在處理通報時，也不熟悉該如何通報，或者如何處置？因此，這部分就需要由 F-ISAC 提供更完整的說明及表單範本說明，有提供參考範本，就能縮短摸索期，也加速企業的通報速度。

《提示》：**F-ISAC** 的作用？

F-ISAC（金融資安情資分享分析中心）

網址：**https://www.fisac.tw/home**。

1. **提供針對性之資安弱點情資通報。**金融產業界之資安資訊分享與分析中心（F-ISAC）雖然提供資安情資，但尚未規劃針對個別會員的需求在通報前事先過濾篩選情資，故預期其會員未來所收到之情資數量眾多，而與業者切身相關者寡少，業者自身之資安維運人員將需要花費許多工時用以過濾情資。因此，金融資安聯防中心若能對個別業者提供針對性之資安情資，並予以分類及建議風險因應之優先等級，將可節省業者相關人力工時，並提升因應作業之時效性。

2. **提供事故處理經驗庫。**金融業者間具有競爭關係，對於所遭受之資安攻擊事件與應變處理方法等詳情可能不宜與同業共享，但金融業者同為資安攻擊之熱門標的，各業者所遭遇之攻擊手法相似性高。因此，金融資安聯防中心若能將會員遭遇之攻擊事件與應變處理經驗予以匿名化處理，再提供給其他會員參考，將有助於提升個別業者事故因應之時效性，降低損失，並供部署強化措施之參考。

3. **與國際資安組織接軌**。金融業者拓展全球性業務時將面對國際化之資安防護要求，可能需要與多個國際性之資安資訊分享與分析中心介接，以提供自身之資安情資，或接收國際組織之資安情資。若資安聯防中心具備與國際 ISAC 之介接能力，將可免除金融業者自行開發與維運介接介面之負擔，順利與國際接軌。

（以上內容摘錄自桃園市政府政府處，**共構金融資安聯防中心 打造高 CP 值防護網**，2017/11/28）

《裁罰結果》

本案有關資安的部分，依保險法第 149 條第 1 項規定予以『糾正』，無罰緩之處罰。

《總結》

1. 網頁需對標頭（Header）進行加密，防止網頁被任意更動或覆蓋。
2. 盡快了解金融資安情資分享分析中心（F-ISAC）所需之書面規範及表單處理。
3. 任何資安案件缺失都要進行追蹤及修正。

裁罰對象：國際康健人壽保險（股）公司

裁罰日期：2020/12/24

裁罰標題

國際康健人壽保險股份有限公司辦理保險業務，核有違反保險法相關規定，依保險法規定核處罰鍰新臺幣 240 萬元整及予以糾正。

主旨

有關本會對貴公司一般業務檢查報告（編號：109F101）所列缺失事項，核有違反保險法相關規定，依保險法第 171 條之 1 第 5 項規定，核處罰鍰新臺幣（以下同）240 萬元，並依同法第 149 條第 1 項規定予以糾正。

《裁罰內容有關資訊安全之違法事項》

（本案僅第四項與資安有關）

四、 檢查意見三（二），電子郵件之個資過濾條件有欠完整者，核有礙健全經營之虞，如：公司以資料外洩防護軟體（Symantec Data Loss

Prevention）對員工外寄之電子郵件進行個資過濾，惟過濾條件僅限身分證號、銀行帳號及信用卡號，未包含姓名及地址，不利防範個資外洩。

《理由及法令依據》

（前一～三點省略）

上述事實四，違失事實明確，依保險法第 149 條第 1 項規定，予以糾正。

（同案例一）

《筆者分析》

此裁罰案例，雖然是因為信件過濾時，因為沒有設定好過濾條件，因而會產生部分個資外洩，然而，我們針對電子郵件的部分做一個簡單延伸討論，金管會在 2020 年 5 月 4 日曾針對疫情期間，居家工作的部分做了以下的規定：

『法規名稱：據金融資安資訊分享與分析中心（F-ISAC）近期發布之訊息略以，「駭客組織偽冒金融機構往來企業人員，寄送電子郵件給金融機構窗口要求轉帳至特定帳戶，金融機構內部人員（含居家辦公人員）未依內部規定向客戶進行確認即匯出款項…」，為強化資安防護，請各會員持續參考 F-ISAC 所發布之資安威脅情資及防護建議，並宣導防範社交工程手法，提醒人員提高警覺，確實遵循內部規範及標準作業流程，請 查照。』

（資料來源：金管會保局（綜）字第 10904917361 號函）

大家可以了解，電子郵件是種很常見，且方便入侵的方式之一，加上可以異地接收信件的便利性，相對的就會出現非常多的資安漏洞及問題。因此，有鑒於此，目前金管會每年至少會進行一次，針對社交工程的郵件進行演練，演練主要分成兩部分，其一，是否會點擊郵件中的連結。其二，就是信件過濾是否有分風險等級。只是，由於 2020 年疫情關係，有些單位，轉到居家工作，在這種狀況下，就多了很多不必要的風險因素，畢竟家裡跟公司不同，防護狀況很難有效掌握。舉例來說，有的會透過**商務電子郵件詐騙的方式（BEC）**，誘使使用者誤入其他網站，如果一不注意，有時可能僅是一字之差，就可能造成上千萬的金額的損失，因此電子郵件的管理就變得相當的重要了。

《提示》：何謂變臉詐騙 /BEC-（Business Email Compromise）商務電子郵件詐騙？

主要是針對與外國供應商合作企業或經常進行匯款支付企業的精密騙局。BEC 詐騙往往從攻擊者入侵企業高階主管郵件帳號或任何公開郵件帳號開始。通常經由網路釣魚（Phishing）手法達成，攻擊者會建立類似目標公司的網域或偽造的電子郵件來誘騙目標提供帳號資料，在進行相當的研究之後，再進行詐騙。比較普遍的詐騙方式有三種：

（1）透過偽造的郵件、電話或傳真要求匯款給另一個詐騙用帳戶。

（2）詐騙者自稱為高階主管、律師或其他具有相關性的高知名度的人士。

（3）入侵員工的電子郵件帳號。

針對此裁罰案，我們還是要確實了解個資法有關個人資料的定義，根據個資法第二條第一項第一款的定義，

個人資料：指自然人之姓名、出生年月日、國民身分證統一編號、護照號碼、特徵、指紋、婚姻、家庭、教育、職業、病歷、醫療、基因、性生活、健康檢查、犯罪前科、聯絡方式、財務情況、社會活動及其他得以直接或間接方式識別該個人之資料。

對照上述法令對於個資法定義所標示的地方，康健人壽（股）公司很明顯的，已經違反了個資法，因為在郵件中洩漏了客戶的『名字及地址』。所以企業為了避免郵件誤觸個資法，就一定要注意，『個資』的定義到底範圍有哪些？以避免被主管機關糾正或裁罰。

《裁罰結果》

本案有關資安的部分，依保險法第 149 條第 1 項規定予以『糾正』，無罰緩之處罰。

《總結》

1. 對於有關個資的定義，要很明確清楚，避免不慎洩漏客戶個資。
2. 郵件管理，需進行風險分級，並且防範網路釣魚的情況發生。
3. 每半年或一年，需對於社交工程的郵件進行演練及測試員工敏感度。
4. 需隨時注意郵件裡的連結，避免導向錯誤的網頁。
5. 隨時注意郵件地址是否有偽冒的情況發生。

第四件裁罰案

裁罰對象：合作金庫人壽保險（股）公司

裁罰日期：2020/11/27

裁罰標題

合作金庫人壽保險股份有限公司辦理保險業務，核有違反保險法相關規定，依保險法規定核處罰鍰新臺幣 300 萬元整及予以 4 項糾正。

主旨

有關本會對貴公司一般業務檢查報告（編號：109F105）所列缺失事項，查貴公司辦理保險業務有違反保險法相關規定，依保險法第 171 條之 1 及第 5 項規定核處罰鍰新臺幣 300 萬元，並依同法第 149 條第 1 項規定予以 4 項糾正。

《裁罰內容有關資訊安全之違法事項》

（本案僅第七項與資安有關）

七、 貴公司就應用程式防火牆資安防護、資安情資或警訊通報之處理、以及電子商務系統（含網路投保及合庫線上系統）之系統設計等，經查有下列缺失事項，核有礙健全經營之虞，如：

（一）檢查意見四、（二）雖已購置應用程式防火牆（WAF F5-2600）強化網路系統資安防護，惟未訂定相關管理規範，不利作業遵循；另經查 109 年 1 月應用程式防火牆事件報表，對高風險「SQL Injection」攻擊事件未完全予以阻擋（攻擊總次數 4,621 次、未阻擋次數 3,805 次），亦無敘明後續處理情形，不利網路安全與攻擊防護。

（二）檢查意見四、（四）對 F-ISAC（金融資安情資分享分析中心）資安情資或警訊通報之處理，有下列事項欠妥：

1. 目前 F-ISAC 資安情資由「資訊安全科」負責，於接獲相關情資或警訊後並通知相關人員修補或處理，惟尚未訂定標準程序或作業規範，不利作業遵循。

2. 對接獲資安情資或警訊有未留存評估、處理及簽報等相關作業紀錄，不利追蹤是否有效運用該等情資，以提昇資訊安全，如：F-ISAC 於 108.12.30 通報之惡意程式 Gozi（又名 URSINF）防護 5 項建議措施等資安情資。

（三）檢查意見四、（六）2 電子商務系統（含網路投保及合庫線上系統）之系統設計，有下列事項欠妥：網路投保系統對於帳號密碼錯誤訊息有與所訂「TITP033_ 資訊資產保護注意事項」4.8「一、登入發生錯誤時，系統不應單獨明示帳號或密碼錯誤。」規定不符，如：帳號輸入錯誤時，系統畫面即顯示「您輸入的帳號不存在，請確認！」、密碼輸入錯誤時，系統畫面即顯示「密碼輸入錯誤，若忘記密碼可按下忘記密碼，取得新密碼以便登入！」。

《理由及法令依據》

（前一～六點省略）

上述事實七，違失事實明確，依保險法第 149 條第 1 項規定，予以糾正。

（同案例一）

《筆者分析》

針對本案例之裁罰事實，我們分三個點來說明：

1. 有關防火牆的部分，通常防火牆都會有報表的產出，通常在看報表時，會注意流量高低，來查核是否有外部不當的攻擊發生，此案被糾正的原因，在於一月份被攻擊超過 4,500 次以上，其中卻有 3,800 次以上未有阻擋，而且被攻擊還是屬於高風險的 SQL 注入式攻擊，

> **《提示》：何謂 SQL 注入（SQL injection）式攻擊？**
>
> 此為注入式攻擊的一種，主要是入侵者藉由偽裝的方式，進入系統後，針對 SQL 的漏洞進行竄改、破壞、刪除或者覆蓋資料。

　這也就是說，如果入侵者偽裝成客戶，在登入網頁後，取得網站 SQL 碼之後，將其內容進行修改，那就有機會利用漏洞，取得更多客戶的資料，這些資料包括，客戶帳戶、密碼等等個人資料，如此，就可以藉此去勒索保險公司或者保險公司的眾多保戶，因此，保險公司對於此高風險的注入式攻擊，應仔細檢查防火牆報表，並且在年度的網路弱點測試，加強檢驗其缺失，並盡速改正。

2. 目前 F-ISAC 納入的公司主要為金融相關產業,其中包括:銀行、投顧、保險、證券期貨業,依 F-ISAC 的說明,每年都會有研討會、拜訪及訓練課程等等,進行資安資訊分享,在獲得這些分享的資安情資後,應將其整裡成冊,並定期對內列入內部訓練宣導資料,該項糾正內容強調『**未留存評估、處理及簽報等相關作業紀錄**』,這也就是說,有獲得主管機關的資安分享訊息,除了留存之外,也必須有向上通報或者以簽呈的形式,通知高層。

3. 有關網路投保時,如果登入發生錯誤,系統不應單獨明示帳號或密碼錯誤。關於此點,筆者認為其資安考量主要在於,如果客戶的帳號不慎被外部人取得之後,若使用密碼暴力破解,如此可能會讓客戶暴露在極高的風險之中,故其考量點,為合理的資安規範,若合作金庫人壽保險(股)公司,未遵守該項規範,則需修改網路投保系統,或者修訂內規,使投保系統合乎其所訂定之規範。

《提示》:何謂暴力破解?

就是透過不停反覆測試密碼,透過軟體或資料庫等方式,逐一套入或輸入內建之密碼資料庫之密碼,最後直到取得真正的密碼為止。

《裁罰結果》

本案有關資安的部分,依保險法第 149 條第 1 項規定予以『糾正』,無罰緩之處罰。

《總結》

1. 防火牆之報表，需定期且經常的檢視是否有異常之情況，並盡速進行異常分析，以降低資安風險。

2. 對於 F-ISAC 資安訊息的分享資料，應留存並且依流程通報高層，必要時得通報至董事會，同時，也應定期納入資安宣導資料內，加強公司內部宣導。

3. 在網路登入或註冊後，如果資料為敏感度較高的業務，考量到資安保護的問題，必要時不得明示帳號或密碼輸入錯誤之訊息。

裁罰對象：富士達保險經紀人（股）公司

裁罰日期：2020/09/18

裁罰標題

富士達保險經紀人股份有限公司因違反保險法相關法令，依保險法及個人資料保護法規定，核處 1 項糾正、5 項限期 1 個月改正，併處罰鍰新臺幣 90 萬元整。

《裁罰內容有關資訊安全之違法事項》

（本案僅第六項與資安有關）

（六）該公司網站收集個人資料，未採取適當加密措施且無個資告知聲明，核與個人資料保護法第 8 條及第 27 條第 1 項規定不符。

《理由及法令依據》

本項與個人資料保護法第 8 條及第 27 條第 1 項規定不符。

個人資料保護法第 8 條

第 8 條

公務機關或非公務機關依第十五條或第十九條規定向當事人蒐集個人資料時，應明確告知當事人下列事項：

一、 公務機關或非公務機關名稱。

二、 蒐集之目的。

三、 個人資料之類別。

四、 個人資料利用之期間、地區、對象及方式。

五、 當事人依第三條規定得行使之權利及方式。

六、 當事人得自由選擇提供個人資料時，不提供將對其權益之影響。

有下列情形之一者，得免為前項之告知：

一、 依法律規定得免告知。

二、 個人資料之蒐集係公務機關執行法定職務或非公務機關履行法定義務所必要。

三、 告知將妨害公務機關執行法定職務。

四、 告知將妨害公共利益。

五、 當事人明知應告知之內容。

六、 個人資料之蒐集非基於營利之目的，且對當事人顯無不利之影響。

個人資料保護法第 27 條第 1 項

第 27 條

非公務機關保有個人資料檔案者，應採行適當之安全措施，防止個人資料被竊取、竄改、毀損、滅失或洩漏。

《筆者分析》

該裁罰案是有關於個人資料的案件,雖然這案子是加密的問題,但筆者就依此案例,簡單說明目前最常見的一種加密方式,稱為『資料遮罩』的方式。

《提示》:何謂資料遮罩?

所謂資料遮罩就是將特定資料,例如名字、身分證字號等,做特定的遮蔽,以免造成敏感資料洩漏,對於當事人隱私造成困擾。

資料遮罩的方式,最常見的四種方式如下:

1. **虛擬資料(Fictitious Data)**:此種方式的資料遮罩,就是資料某些字元用符號遮蔽,例如身分證字號後四碼用『＊』代替,或者說名字中間用『○』代替。

2. **亂數資料(Random Data)**:主要就是在資料庫中,以亂數的方式產生不同的名稱,藉以取代原有的名稱。例如:當資料庫以亂數跳出『小明』這個名字,便以『小明』來取代原事件主角的名字。

3. **改數字(Numeric Alteration)**:如字面上的意思,例如原來是 300,把 300 改成 500。

4. **語意法(Semantic)**:用類似或同種類的方式代替,例如,用一樣格式的號碼代替,如有些 email 設定教學時,會提供一個參考用的格式。

遮罩方式不只有上述四種,資料遮罩的主要目的,還是對於資料做保護,防止因為個資資料不慎洩漏,產生不必要的困擾,以上方式不限於對外資

料發佈時使用，內部資料庫也可運用此方式，拆解成二至三個或數個檔案，需要詳細資料時，再進行資料合併。

《裁罰結果》

本案有關資安的部分，由於本案該條有違反個資法第八條，其罰則為第 48 條第一項第一款，合併其他各項違規事項，一併懲處 90 萬元罰緩，即 90 萬元之內有包含該條違規事項之罰緩。

第 48 條

非公務機關有下列情事之一者，由中央目的事業主管機關或直轄市、縣（市）政府限期改正，屆期未改正者，**按次處新臺幣二萬元以上二十萬元**以下罰緩：

一、 **違反第八條**或第九條規定。

《總結》

1. 有關個人資料保護，務必遵守個資法之規定。
2. 對外之公告資料，可用資料遮罩方式，避免個資直接對外暴露於大眾。
3. 個人資料提供，務必加密處理。

第六件裁罰案

裁罰對象：全球人壽保險（股）公司

裁罰日期：2020/09/15

裁罰標題

全球人壽保險股份有限公司辦理保險業務，核有違反保險法及洗錢防制法相關規定，依保險法及洗錢防制法核處罰鍰計新臺幣 470 萬元整，並依保險法予以 6 項糾正。

《裁罰內容有關資訊安全之違法事項》

（本案僅第七項與資安有關）

（七）該公司辦理投資型保險商品銷售過程錄音作業、債券投資經理人之績效衡量作業、防制洗錢及打擊資恐作業、利害關係人建檔作業、有價證券投資損失控管作業、**資訊安全防護作業**，核有違反法令或有礙健全經營之虞。

有關上述的資安部分，在**保險業公開資訊觀測站**查詢其詳細的缺失內容如下：

（缺失內容為第十二項，故前述項目皆省略）

十二、 貴公司辦理資訊安全防護及管理作業有下列缺失，核有礙健全經營之虞：

（一）檢查意見三（三）1,貴公司網路環境管理有未建置防火牆控管舊全球與國華人壽之核心主機所在網段（共計 166 台主機，目前仍供查詢使用）與辦公區網段間之存取，易致員工辦公區遭入侵，將影響該等伺服器之安全性。

（二）檢查意見三（五），貴公司辦理資訊安全防護措施作業有下列事項欠妥：

1. 雖已導入相關資安管理工具，並規畫佈署安全資訊與事件管理平台（SIEM），惟相關作業規劃與管理仍未臻完善，不利有效落實公司整體資安防護，如：雖已建置系統收集、監控環境中各項設備之系統稽核軌跡或日誌資料，惟對應收集監控之系統紀錄（log）內容尚未明確規範，且經查有伺服器未納入日誌管理系統控管者，如：網路投保系統、網路服務系統、團體保險系統、mPos 行動業務系統等伺服器，日誌之收集監控範圍欠完整。

2. 對 F-ISAC（金融資安情資分享分析中心）資安情資或警訊通報來源之處理，有以下情形欠完善：

(1) 目前 F-ISAC 資安情資由資訊安全指導委員會（ISSC）與資訊工程處負責，於接收通知後並通知相關人員修補或處理，惟尚未訂定標準程序或作業規範，不利作業遵循。

(2) 對於收到資安情資有未留存評估、處理及簽報等相關作業紀錄，不利追蹤是否有效運用該等情資，以提昇資訊安全，如：F-ISAC 於 107.12.23 通報之勒所軟體防護 5 項建議措施及 DDoS 安全防護 4 項建議措施、於 108.2.14 公告之中繼站 IP 與網域及惡意檔案清單等資安情資。

（三）檢查意見三（九）3. 貴公司辦理原始碼檢測及弱點掃瞄作業，對原始碼檢測（白箱掃描）及弱點掃描檢測（黑箱掃描）之弱點雖列表追蹤，惟查僅對『嚴重』（CRITICAL）風險等級弱點進行修補，致檢測出之『高』（HIGH）風險等級（含）以下弱點，有未覈實評估其資安風險並妥處者，如：107 上半年 10.67 網段檢測出 53 個「高」風險等級及 530 個「中」風險等級弱點；貴公司官方網站 107.12.14 白箱掃描報告檢測出 92 個「中」風險等級弱點、107.12.26 黑箱掃描報告檢測出 168 個「中」風險等級弱點；網路服務系統（CSIS）2018.11.1 白箱掃描報告檢測出 22 個「高」風險等級及 30 個「中」風險等級弱點、108.1.8 黑箱掃描報告檢測出 2 個「高」風險等級及 12 個「中」風險等級弱點等。

（四）檢查意見三（十）1.（4）、2.，貴公司辦理主機安全管理作業，經查有下列情事待改善：

1. 辦理伺服器主機帳號清查作業所使用「2018 年 12 月 Linux 帳號盤點」清單，所列帳號有缺漏之情形，相關清查卻未發現異常，作業有欠落實，如：

(1) 網路投保系統相關主機如：P**********2、P*******3 主機皆缺漏 t***l 及 a******e 帳號 P*******2 主機缺漏 t***l 帳號。

(2) 網路服務系統相關主機如：P*********l、P*********2、P*********3 主機皆缺漏 t**l、a******e、d*****d、m******r 帳號。

(3) mPos 行動業務系統主機如：P***********1、P*********2 主機皆缺漏 m**********n、l******r、j*******n 帳號；P*******1 主機缺漏 m*****r 帳號；P********2、P**********3 主機皆缺漏 m******2、m*******r 帳號。

2. 經查網域伺服器主機（AD）之系統管理者，可逕透過遠端連線（RDP）登入至國華系統，不需經由虛擬桌面（VDI）方式，且相關系統操作行拐並未留存稽核軌跡，不利發現伺服器主機異常操作行為，如：D***l 及 K*****b 主機。

《理由及法令依據》

上述依保險業公開資訊觀測站，所揭露之事實，第十二項之缺失，缺失事實明確，依保險法第 149 條第 1 項規定，予以糾正。

《筆者分析》

該裁罰案，先要簡單提一下公司歷史沿革，全球人壽保險（股）公司在 2012 年併下了國華人壽，合併之後的全球人壽在本次裁罰案件，出現幾個公司合併後的資安問題，分以下幾點說明：

1. 兩家公司合併後，全球人壽並未將國華人壽的網段合併為一，而是維持原來的兩個網段，在合理狀況下，這並無不妥，只是在辦公室總部因為合併之後，變成單一個營運中心，所以為了方便，就沒嚴格設定防火牆，主要還是為了方便辦公室能夠直接向 server 存取資料，這樣狀況下，雖然是方便存取資料，可是卻變成沒有防火牆的管控，要進哪一個主機都可以，雖然可以從 IP 去追蹤異常，但是，如果是從外部入侵，就很難追蹤到源頭，因此，設定防火牆事先阻隔還是有其必要性的。

2. 以全球人壽的規模而言，應當有建立資訊安全管理制度（Information Security Management System），也就是所謂的 ISMS，

《提示》：何謂資訊安全管理制度（Information Security Management System）？

此即為縮寫 ISMS，定義上就是以營運風險方案為基礎，用以建立、實施、操作、監督、審查、維持及改進資訊安全。

ISMS 訂定後，會要求管理階層，定期提供紀錄給予稽查人員稽核，該裁罰事項提到的問題，主要是未將稽核軌跡與日誌做出**分類**，以及未將部分的伺服器納入日誌及稽核管理，在此項缺失，筆者認為有效分類才

是重點，做好分類的重點在於能夠幫助組織快速方便的追蹤資料，因此，能做好分類之後，就很容易就能在既定的分類框架內，把其他的伺服器快速的納入分類好的框架下，同時也不會出現紊亂的情況。

3. 全球人壽保險（股）公司有做相關的安全性測試，本次裁罰案中舉出了，『白箱測試』（即原始碼測試）與『黑箱測試』（弱點掃描測試）兩種測試，全球人壽針對『嚴重』的部分做優先改善，其他如高、中、弱風險，就未在做定期追蹤及改善，有這種問題產生，其中一個原因可能是資安人力配置上不足，又或者制度上規範不夠完善所致。不過，要注意的是，以裁罰結果來看，至少金管會保險局要求『中』風險等級以上都要追蹤改善，此為我們必須注意之重點。

4. 有關帳號盤點漏列的問題，在這點上，主機分配多少帳號出去，正常都會有記錄，譬如說員工就職或離職，如果有依照程序進行，正常 MIS 都會在當日處理完畢，當然，如果申請資料很大，也會在處理程序訂出處理區間，例如說三天內關閉帳號，處理完畢後，主管也要予以覆核。所以該公司出現帳號缺漏情形，有可能是被擱置太久，或者主管未仔細覆核，才會出現帳號漏列的情況發生。

5. 最後一項，有關遠端連線（RDP）的問題，筆者認為需要被注意的，因為疫情關係，近期很多人都在家裡跟公司做遠端連線，雖然這是不得已的情況，不過，我們不難了解，在這種狀況下，連接的端口，有可能會被駭客給破解，進而入侵主機系統。這也不僅只於遠端連線，保險公司有些線上投保系統也有相同的問題，為了防止這類入侵，通常會建議螢幕屏蔽，或者將鍵盤、滑鼠作鎖定或屏蔽，免得輸入的資料被截取。

《裁罰結果》

依保險法第 149 條第 1 項規定，予以糾正。

《總結》

1. 不能因方便存取伺服器資料，而不設定防火牆。

2. 各類日誌及稽核記錄建議先進行有系統的分類。

3. 各種資安測試，不管風險低或高，都應進行追蹤及改善，如時間緊迫，至少『中』風險以上要優先處理。

4. 帳號管理必須在限定時間內完成作業，並由主管覆核。

5. 遠端連線需設定螢幕、鍵盤或滑鼠等屏蔽，以避免被截取資料。

第七件裁罰案

裁罰對象：宏泰人壽保險（股）公司

裁罰日期：2020/08/11

裁罰標題

宏泰人壽保險股份有限公司辦理保險業務，查有違反個人資料保護法及保險法相關規定，命其於處分書送達翌日起 1 個月內改正，並予 3 項糾正。

《裁罰內容有關資訊安全之違法事項》

（本案第一、三、四項與資安有關）

（一）對資料庫個資存取軌跡留存有欠完整，核與個人資料保護法第 27 條第 3 項授權訂定之「金融監督管理委員會指定非公務機關個人資料檔案安全維護辦法」第 14 條第 1 項規定不符。

（三）辦理客戶防制洗錢及打擊資恐之姓名及名稱檢核作業，對疑似命中資料庫名單之案件未進一步積極確認要保人身分，不利防制洗錢及打擊資恐作業之落實，核有有礙健全經營之虞。

（四）辦理網路環境管理、資訊安全防護措施、核心系統管理作業、資料庫之帳號及系統參數清查等作業，有欠妥適，核有有礙健全經營之虞。

有關上述的資安部分，在**保險業公開資訊觀測站**查詢其詳細的缺失內容如下：

（僅列示資安相關違規事項，其餘省略）

事實及理由：

一、　檢查意見四（三），貴公司存放個資之資料庫主機尚未留存資料庫存取稽核軌跡，如：壽險系統主機（htsys1）資料庫、客戶管理系統主機（cti-db1、cti-db2）資料庫，不利日後個資使用軌跡之檢視及事件查核，核與個人資料保護法第 27 條第 3 項授權訂定之『金融監督管理委員會指定非公務機關個人資料檔案安全維護辦法』第 14 條第 1 項規定不符。

四、　貴公司辦理網路環境管理、資訊安全防護措施、個資軌跡留存、壽險核心系統主機管理，以及資料庫帳號及系統參數清查等作業，經查有下列缺失情事，核有礙健全經營之虞：

　　（一）檢查意見四（一），貴公司網路環境管理，有下列事項欠妥，如：

　　　　1. 未建置防火牆控管核心主機（SERVER FARM）所在網段與辦公區（OA）、各分公司及異地備援中心（TC_IDC）間之存取，易遭駭客或病毒入侵，將影響該等伺服器之安全性。

　　　　2. 對內部網段之使用未妥適區隔，如：壽險系統核心測試環境主機（HESYS2）配置於正式網段，將影響該等伺服器之安全性。

（二）檢查意見四（二），貴公司資訊安全防護措施，有下列事項欠妥：

1. 雖建置有『日誌管理系統』（N-reporter）蒐集系統伺服器之日誌，惟查日誌收容範圍欠完整，如：未納入壽險核心系統主機（HTSYS1）、郵件主機（HTMAIL1、HTMAIL2），另查對已收容主機之日誌尚未設置分析、告警機制，不利即時發現非授權之異常事件。

2. 為防禦資料隱碼攻擊或其他網路攻擊手法，已建構網頁應用程式防火牆系統（WAF），惟未定訂相關管理規範，不利作業遵循。

3. 有關 F-ISAC（金融資安情資分享分析中心）資安情資或警訊通報來源之處理，有下列事項欠妥：

   (1) 目前 F-ISAC 通報之資安情資由資訊安全管理科負責，於接獲情資後並通知相關人員修補或處理，惟尚未訂定標準程序或作業規範，不利作業遵循。

   (2) 對所收到資安情資有未留存評估、處理及簽報等相關作業紀錄，不利追蹤是否有效運用該等情資，以提升資訊安全，如：F-ISAC 於 107.12.23 通報之勒索軟體防護 5 項建議措施及 DDoS 安全防護 4 項建議措施等資安情資。

（三）檢查意見四（四），於檢查期間（108.9.18）統計全公司經申請核可開放使用 Gamil 外部信箱計 22 人及 Google Drive 雲端硬碟計 11 人，惟於申請時有未敘明作業需求，且未評估使用

外部信箱之並要性及妥適性，如：需求單號 P20190620004、
P20190614002，另尚未建立個資過濾機制或相關控管措施，易
致個資外洩風險。

（四）檢查意見四（七）1, 貴公司未建立網頁程式防置換或防竄改機
制，如：網路投保系統、官網（www），不利網站系統安全。

（五）檢查意見四（八），貴公司辦理壽險核心系統 AIX 主機之管理
作業，有下列事項欠妥，如：

1. 對作業系統及資料庫管理系統，維護廠商已公告停止提供
   系統更新及漏洞修補程序（EOS, End of Service），惟尚未評
   估對現行版本為 v5.3，EOS 日期 101.4.30，informix 資料庫
   系統現行版本為 V10.FC.4，EOS 日期 99.9.30。

2. 辦理系統維護作業，有以最高權限使用者帳號 root 登入操
   作而未留存稽核軌跡，僅於登入時以電子郵件通知系統管
   理者，對於 root 登入期間作業之重要指令、存取軌跡或檔
   案使用情形等皆無紀錄，不利資訊安全控管。

（六）檢查意見四（九），經查貴公司伺服器、網管及資料庫等系統
維護人員辦理相關維護管理作業，係使用可對外連線網際網路
與收發電子郵件之個人電腦，逕以網域帳號密碼透過遠端桌面
（3389 port）服務或 netterm 連線至正式營運環境，且未留存稽
核軌跡，作業機制不利資訊安全。

（七）檢查意見四（十一），貴公司資料庫之帳號及系統參數清查作
業，有下列事項欠妥，如：

1. 所訂『資料庫管理作業細則』尚未對系統安全參數明定設定原則，並建立定期檢查機制，不利資料庫安全維護。

2. 雖已就資料庫帳號使用情形進行盤點清查，惟未針對帳號所賦予之資料庫存取權限詳實清查，如：webkerneldb、MchannelDB，不利資訊系統安全管理。

（八）檢查意見四（十三），貴公司雖訂有『軟體智慧財產權管理作業細則』，惟未見規範軟體定期檢測機制，不利發現所安裝軟體之風險，且檢查期間（108.9.17）抽查應用系統部及壽險系統部之個人電腦共計 18 台，發現其中 14 台安裝存有安全漏洞之 Adobe Flash Player 19.0.0.185，107.3.13 已公佈有 CVE-2018-4919、CVE-2018-4922 等重大弱點，截至資訊檢查結束日（108.9.20）仍未修補，不利個人電腦使用安全。

（九）檢查意見四（十四），全公司計開放 140 台個人電腦可以使用 USB 裝置及 13 人可使用 Line 即時通訊軟體，並導入資料外洩防護系統（Symantec DLP）監控使用 USB 裝置之存檔及 LINE 傳送之訊息，對於加密檔案之處理原則為不阻擋，留存檔案供檢核人員檢核，惟經實機測試，檢核人員對於留存檔案尚無讀取權限，致未能開啟檔案檢視內容，檢查期間（108.9.18）雖已立即修正各部門檢核人員對留存檔案之權限，得以開啟檔案檢視，惟對以 USB 裝置儲存加密檔案採事後檢核，不利有效防範個資外洩之風險。

《理由及法令依據》

（1）事實及理由一，違反『金融監督管理委員會指定非公務機關個人資料
　　 檔案安全維護辦法』第 14 條第 1 項。

第 14 條

非公務機關執行本計畫及處理方法所定各種個人資料保護機制、程序及措
施，應記錄其個人資料使用情況，**留存軌跡資料或相關證據**。

（2）事實及理由三及四，違反保險法第 149 條第一項規定。

《筆者分析》

有關本次裁罰案件之分析，將其中幾個重點，分述如下：

1. 有關主機存放個資的資料庫，只要有存取狀況，就要留存軌跡資料，以
   供日後查核，尤其在壽險業，應該是很頻繁的使用該資料庫，所以個人
   資料何時被存取及使用，如果沒留下紀錄，假設是外部入侵存取，客戶
   個資被不當使用或洩漏，就會造成嚴重的資安問題。
2. 宏泰人壽（股）公司，有設置伺服器農場，這種情況下，應該都要針對
   不同伺服器設置防火牆裝置，免得跨網段存取時，被外部入侵，造成伺
   服器被入侵，進而擴大至其他伺服器。

《提示》：何謂伺服器農場（**SERVER FARM**）？

又稱伺服器叢集（Server cluster），就是將數台伺服器集合在相同的機房內，藉此提供更好的功能性和可及性。主要是易於集中管理，假如果單一系統發生故障，其他伺服器可協助分擔工作。

---

3. 該公司有使用日誌管理系統（N-reporter），主要問題有兩個，其一，就是未包含全部伺服器，第二，就是沒有進行日誌分析及告警機制，對於異常狀況，隨時發出警訊，告知使用方有異常之情況。此兩個缺失也是企業應當注意的地方。

4. 有些金融或者保險公司為了控管外部信箱，因此要使用外部信箱或雲端硬碟者都需要提出申請，為預防個資及資安的風險，在申請過程都要提出使用原因及期限。

5. 對於有 EOS 停止提供更新服務的系統，如果廠商已公告，公司無法立即做更新或升級，為了業務正常進行，應該開啟監控機制，同時將使用者權限給適度受限，待系統完成升級後，在依新版本設定，重新設定。

6. 對於遠端或外部連結，都要針對其連線留存紀錄及注意其存取的資料，如有異常隨時發出警示或中斷連線。

7. 如果有進行帳號密碼之盤點作業，其相關的權限也需納入盤點紀錄。

8. 如果公司內部有過期未更新的軟體，應定期檢查。

9. 對於 USB 裝置及加密檔案應採取事中檢核，也就是稽核人員得隨時開取檔案檢視。

《裁罰結果》

本案有關資安的部分，主要是限期改善，事實一主要為違反個資法第 48 條第一項第四款，其實該條是有罰緩的，目前限期改善，並提出糾正，但仍需特別注意該條罰緩（法令參考如下），其餘的事實三、四兩項也都是糾正。

第 48 條

非公務機關有下列情事之一者，由中央目的事業主管機關或直轄市、縣（市）政府限期改正，屆期未改正者，**按次處新臺幣二萬元以上二十萬元**以下罰緩：

四、違反**第二十七條第一項或未依第二項**訂定個人資料檔案安全維護計畫或業務終止後個人資料處理方法。

第 27 條

非公務機關保有個人資料檔案者，應採行適當之安全措施，防止個人資料被竊取、竄改、毀損、滅失或洩漏。

中央目的事業主管機關得指定非公務機關訂定個人資料檔案安全維護計畫或業務終止後個人資料處理方法。

《總結》

1. 任何設備之存取，不管內部或外部，皆需定訂規範，且並需留下存取紀錄及稽核軌跡，以便後續存查，此為極重要也最基本之資安觀念。

2. 防火牆之設置以及示警機制，皆是必要的防護機制。

3. 隨時注意停止更新服務之軟硬體，如果無法馬上處理，可先受限使用者權限，同時監控其作業情形。

4. 只要是使用外部裝置（包括雲端、USB、通訊軟體等等），皆需寫明申請原因及用途，對於外部裝置，必要時得『隨時』檢視其資料。

裁罰對象：法商法國巴黎人壽保險（股）公司台灣分公司

裁罰日期：2020/05/19

裁罰標題

法商法國巴黎人壽保險股份有限公司台灣分公司辦理保險業務，違反金融消費者保護法及保險法相關規定，依保險法核處罰鍰新臺幣600萬元及予以2項糾正。

《裁罰內容有關資訊安全之違法事項》

（本案第二、三項與資安有關）

（二）該分公司自行辦理伺服器管理作業，對伺服器之高權限帳號及密碼之管理情形，有欠妥適，核有礙健全經營之虞。

（三）電子郵件對外傳輸之資料保護管控機制，有不利防範個資外洩情事，核有礙健全經營之虞。

有關上述的資安部分，在**保險業公開資訊觀測站**查詢其詳細的缺失內容如下：

（僅列示資安相關違規事項，其餘省略）

事實及理由：

二、　檢查意見三（三）1，貴分公司伺服器有部分係由集團新加坡資訊中心透過 CyberArk 系統集中管理，部分則由貴分公司自行控管，經查貴公司自行辦理伺服器管理作業，對 Data Warehouse DB 等 10 部伺服器之高權限帳號及密碼之管理情形，有下列欠妥事項，核有礙健全經營之虞：

（一）該等伺服器內建（Build-in）之最高權限帳號，皆設為同一密碼，雖將該密碼予以區分為 A、B 碼分人保管，惟倘該密碼遭破解，則所有伺服器均將全數破解，密碼設定管理方式有欠妥適。

（二）由各系統管理人員自建、使用及自行持有之高權限帳號及密碼，未透過 CyberArk 系統集中管理，致各系統管理人員帳號之使用，未留存申請、作業紀錄（登入、出時間）及覆核軌跡，不利資訊系統安全管理。

三、　檢查意見三（五）1，電子郵件對外傳輸之資料保護管控機制，有下列不利防範個資外洩情事，核有礙健全經營之虞：

（一）以 E-mail DLP 規則過濾外寄檔案，未將外寄電子郵件地址納入偵測條件，且對於未達個資過濾條件、含有加密檔案或寄送圖檔者均逕予外寄，未進行檢核或採其他事後補強措施，管控範圍有欠妥適。

（二）貴公司員工可申請將外寄郵件之收件者 E-mail 加入白名單，並經單位主管核准及資訊單位設定後，不受 E-mail DLP 規則之個資過濾條件（即不進行郵件阻擋），惟對於員工與白名單之間傳遞電子郵件內含有個資檔案者，尚未建立控管及覆核機制，不利防範員工濫用白名單造成個資外洩，如：檢查期間貴分公司申請白名單之電子郵件計有 211 件，電子郵件之個資保護控管有欠周延。

（三）對於已申請加入白名單之對象，尚未建立定期檢視確認機制，將非業務關係所需或已停止業務關係之對象予以刪除，不利個資保護。

《理由及法令依據》

事實及理由二及三，違失事實明確，核有礙健全之虞，違反保險法第 149 條第一項規定。

《筆者分析》

這是屬於分公司的一件資安裁罰案例，通常國外母公司的主機，都要跟子公司的主機相連，通常分公司的主機系統，都會在子公司的當地國設定完成。當然，在台灣沒有對於網路進行特別嚴格的管制，然而有些地方，例如對岸，主機的相互連結上，就有很多設定的問題，此時，就得要考量分公司的官方限制，同時，也要保護母公司的主機，避免不必要的個資外

洩，或者商業機密外洩，所以設定時要考量的點就必須要有詳細的規劃及思考了。

我們來看法商巴黎人壽台灣分公司的問題，主要有兩項，其一就是密碼設定，基礎的密碼學裡面，最常見有兩種加密方式：對稱式加密（Symmetric Encryption）與非對稱式加密（Asymmetric Encryption）兩種。 所謂對稱式，就是雙方都擁有同一把鑰匙，檔案往來傳輸都用同一組密碼，這種對稱式問題，就是只要某一端被人破解了密碼，兩邊可能都要受害。另一種，也就是本裁罰案所說的分 A、B 碼的方式，這也就是非對稱式的加密，運作原理就是當傳送方與接收方在傳送之前，先把雙發的公鑰傳給對方，當傳送方要傳送時，就用接收方的公鑰將訊息加密，接收方收到加密訊息後，再用自己的私鑰解開，這樣即使有心人拿到公鑰，只要沒拿到接收方的私鑰，也還是無法解密訊息。這種非對稱式的加密的問題，就是公鑰被第三方取得，接收方根本無法判定到底是不是母公司所寄出的，為了因應這個問題，所以會出現數位簽章（Digital Signature）來解決這個問題，簡單說，就是從掛號，變成雙掛號，兩邊都要跟郵差確認，郵差就是公鑰，兩方蓋章確認就是私鑰。

我們看巴黎人壽集團的伺服器都集中在新加坡，為了方便管理，把所有的主機密碼都設定成同一個密碼，公鑰是同一支，然後私鑰密碼再區分成兩方在管理，筆者認為，還是得要設定數位簽章，而且類似這種跨國的密碼設定，除了分開保管之外，最好能私鑰能以**浮動亂數**的方式來設定密碼，避免公鑰被破解，私鑰又被破解的情況產生，而產生大量資料外洩的問題。

再來，就是郵件資料外洩防護的問題，DLP 在一般企業都會有設置，偵測條件通常會有下列幾種：

《提示》：何謂郵件資料外洩防護？

資料外洩防護，簡稱 DLP（Data Loss Prevention），就是透過**偵測與檢查**方式，**檢查或過濾**寄出或收取的信件，除了保護企業避免被不當的入侵，同時也保護客戶資料，避免被不當的外洩。

1. 郵件主旨、收件人、寄件人、內文、標題。
2. 附件的格式，如 PDF、圖檔或 office 文書檔案。
3. 壓縮檔檢查。
4. 檔案加密狀況。
5. 主檔名跟副檔名。

這些檢測最後都會產生郵件稽核日誌（mail audit log），每日的日誌最後會產生每周或每月的統計報表的產生。

我們看巴黎人壽台灣分公司的 E-mail 過濾狀況，主要問題就在於：**個資過濾強度不足**。因為個資條件日趨嚴格，尤其是壽險業直接與客戶有關，如果在上述的 DLP 規範沒有設定好，就會產生因過濾條件不足，而誤將客戶資料在檢核不足的情況下寄出，這樣就很容易產生個資外洩的情況。

此外，台灣分公司申請放行的白名單，雖然可以收取外部郵件，然而卻沒有規範進 DLP 內，假設**非白名單的員工使用白名單的 E-mail 收取郵件**，如果少了上述 DLP 檢視，那麼就如同裁罰內容所說的濫用情況產生，有可能收信收到大量病毒而癱瘓公司系統，此為需要注意的地方。

《提示》：何謂白名單（Whitelisting）？

白名單（Whitelisting）意指容許某些來源的電子郵件，能夠放寬條件進入收件匣。

將值得信任的電子信箱加到白名單內，就可以避開各種電子郵件系統和網路安全平台的垃圾郵件過濾器，或避免郵件被當成垃圾郵件直接放入垃圾桶內。

《裁罰結果》

主要依保險法第 149 條第 1 項規定，有礙健全經營之虞，故此兩項裁罰內容皆為糾正。

《總結》

1. 海外分公司網路建置，會受當地國政策所影響，故須通盤考量當地國與本國的差異，有效規劃網路建置。
2. 密碼設置最好能避免共用，尤其最高權限的密碼，應訂定相關規則，以避免被破解。
3. 郵件資料外洩防護 DLP，需強化個資過濾條件。
4. 郵件白名單，收取信件，亦需列入 DLP 之控管，同時定期審視白名單之收件日誌，避免不必要的個資外洩或者病毒入侵。

第九件裁罰案

裁罰對象：遠雄人壽保險（股）公司

裁罰日期：2020/03/24

裁罰標題

遠雄人壽保險事業股份有限公司辦理法令遵循制度檢討及專案查核作業、對往來保經代通路管理考核、業務員招攬爭議之控管、機構法人購買利變型壽險商品之核保及保全作業，以及防制洗錢作業等業務，查有違反保險法及洗錢防制法相關規定，核處罰鍰新臺幣 350萬元，並予以 6 項糾正處分。

《裁罰內容有關資訊安全之違法事項》

金管會保險局與資安有關裁罰內容：

（四）防制洗錢作業：該公司辦理法人保戶之實質受益人辨識作業，未採取合理驗證措施，核與洗錢防制法第 7 條第 1 項、金融機構防制洗錢辦法第 3 條第 4 款第 1 目及第 3 目、第 5 款第 2 目、第 6 款及第 7款第 1 目規定不符。

（五）另查該公司**內部控制三道防線**之聯繫溝通機制、法令遵循制度及專案查核作業、內部稽核作業、董事會及審計委員會之運作情形，未

能有效發揮其功能，以及針對旅平險要保書收回管控未確實、**辦理防制洗錢及打擊資恐作業之黑名單資料庫漏建檔**、未落實執行客戶姓名或名稱檢核作業、撰寫國外投資報告欠完整、辦理資安監控及系統更新等作業欠周延、未將商品銷售後之檢討結果提報董事會報告等缺失，核有違反法令或有礙健全經營之虞。

有關上述的資安部分，在**保險業公開資訊觀測站**查詢其詳細的缺失內容主要針對上述之『**辦理防制洗錢即打擊資恐作業之黑名單資料庫漏建檔**』之部分做詳細說明，其他如辦理資安監控及系統更新等作業欠周詳，大致與前面幾個裁罰案內容相同，在此便不在列示：

事實及理由：

四、 檢查意見二（二），貴公司辦理洗錢防制及打擊資恐作業，有黑名單資料庫建置疏漏、執行客戶姓名或名稱檢查作業未能有效比對、對高風險客戶有未採取強化審查程序及內部稽核有未依規定辦理抽查等情事，核有礙健全經營之虞：

（一）黑名單資料庫漏建檔，如：

1. 疑似與北韓進行貿易活動之我國民間企業 Jetpro Technology,Inc.（本會 107.2.7 保局（綜）字第 10704271180 號書函）。

2. 疑似與北韓進行海上石油交易之臺灣朝鮮經濟文化交流協會及理事長高○慶（本會 107.2.5 保局（綜）字第 1070421170 號書函）。

（二）黑名單檢核邏輯採完全比對，致資料庫對黑名單之姓名或名稱為類似、或僅就一連串字元之拼音些為變異者，即無法有效對比，如：

1. 以豐○興業有限公司（負責人張○○，本會保險局 102.5.27 保局（綜）字第 1021091520 號書函檢送美國財政部 OFAC 制裁名單）及蔡○○（OFAC 制裁名單蔡○泰之子）進行名單資料庫（外購 Accuity 資料庫及公司控管名單）比對，資料庫最類似名稱為『蓮○興業有限公司』、『蔡○勛』（匹配率 98%、96%），因檢核邏輯未採模糊比對，比對率未達 100% 致比對結果訊息為『不符合』。

2. 以 Muhammad Bahrum Naim Anggih Tamtom（聯合國第 1267、1989 及 2253 號決議制裁名單）將 Bahrum 多加字母 i 則未能有效比對（匹配率 98%），致比對結果訊息為『不符合』。

《理由及法令依據》

洗錢防制法第 7 條第 1 項、金融機構防制洗錢辦法第 3 條第 4 款第 1 目及第 3 目、第 5 款第 2 目、第 6 款及第 7 款第 1 目。

《筆者分析》

有關於遠雄這個裁罰案，主要針對分兩部分說明：

1. 何謂內部控制的三道防線？

這三道防線，主要是用在內部管理，其中當然也包含資安，所以不管是企業或者金控業、保險業等等，在進行資安檢查的時候，都會依此三道防線，落實風險管理，因此，我們將來一定會在裁罰內容裡面，看到有關『**未落實內控三道防線**』一直重複出現，所以這個觀念要先建立在企業組織的內部，並且深化到組織裡的每個人。以下，筆者針對三道防線，做簡單的說明。

首先，所謂的第一道防線，其實就是由組織內部各單位自行判斷，因為第一線的人員，最清楚自己的業務情形，如果遇到有疑慮的地方，就表示有風險問題，此時，除了交給直屬上級單位判定之外，必要時，可以連絡法遵、風控單位協助，所以由此可知，**第二道防線就是輔助的功能，第一道防線與第二道防線兩者是相輔相成的**，而第三道防線，就是在監管其執行的有效性與否，以及制度與程序是否有落實。

由上述，我們把資安單位套上去應用，就很容易可以了解。首先，假設有釣魚郵件出現，而防火牆假設沒有阻擋到，此時，接收者就是第一道防線，在未清楚郵件來源之下，接收者基本風控觀念，就是千萬不能亂點郵件裡的連結或者任意回覆。此時，接收者如果有疑慮，可以交付此信件至第二道防線裡的風控單位、資安單位等協助判定，如果風險極高，可請專家協助處理。而在該事件完成所有處理之後，一定要做成一

個紀錄，紀錄要附上完整表單及資料。最後，內稽單位會把紀錄做一次檢核，核對處理流程上有哪些需要改善，或者有何缺失，並將這些檢核的資料，做成報告，提交董事會了解，並由董事會責成公司做改善。

每道防線的目的就是要降低風險。所以現在金管會非常強調這三道防線，也就如上述所説的，未來裁罰都會依此三步驟去檢視公司的資安落實情形，因此，這是非常非常重要的觀念。

2. 有關於洗錢防制的部分，廣義來説，如果要加強解釋資安，筆者認為洗錢防制也是個重點，因為很多網路犯罪，主要目的還是在於金錢，故筆者認為需做個説明。洗錢防制法的設立，就如字面上解釋一樣，主要防止企業不當的金流產生，並且讓公司財務透明化，以免造成企業資金落入不應該流入的地方。以下為防制洗錢及打擊資恐查詢系統入口頁面：（https://aml.tdcc.com.tw/AMLAMF/login.html）

這個系統是集保中心（台灣集中保管交易結算所）配合防制洗錢金融行動工作組織（FATF），所設計的系統，有興趣了解的，也可以參考法務部的 FATF 網頁：（https://www.mjib.gov.tw/EditPage/?PageID=de653765-

bcbb-4ba6-b600-795e1ec2acf7），主要法源依據是公司法第 22-1 條，大家可以看到以下罰則，**罰則其實是很重的。**

第 22-1 條

公司應**每年定期**將**董事、監察人、經理人及持有已發行股份總數或資本總額超過百分之十之股東之姓名或名稱、國籍、出生年月日或設立登記之年月日、身分證明文件號碼、持股數或出資額及其他中央主管機關指定之事項，以電子方式申報至中央主管機關建置或指定之資訊平臺**；其有變動者，並應於變動後十五日內為之。但符合一定條件之公司，不適用之。

前項資料，中央主管機關應定期查核。

第一項資訊平臺之建置或指定、資料之申報期間、格式、經理人之範圍、一定條件公司之範圍、資料之蒐集、處理、利用及其費用、指定事項之內容，前項之查核程序、方式及其他應遵行事項之辦法，由中央主管機關會同法務部定之。

未依第一項規定申報或申報之資料不實，經中央主管機關限期通知改正，屆期未改正者，**處代表公司之董事新臺幣五萬元以上五十萬元以下罰鍰。**

經再限期通知改正仍未改正者，**按次**處新臺幣五十萬元以上五百萬元以下罰鍰，至改正為止。其情節重大者，得廢止公司登記。

前項情形，應於第一項之資訊平臺依次註記裁處情形。

這個系統初始是用在證券商、票券商、期貨商、證金事業及投信（顧）事業等，之後才擴展至所有依洗錢防制法及其他法律規定應履行防制洗錢及

打擊資恐義務之金融機構、指定之非金融事業或人員。所以必須依法申報，政府也希望貫徹法令，只要不按照規定，懲處是不會少的。

遠雄人壽的這個洗錢防制的裁罰內容，關於資安的部分，主要是在於黑名單資料庫漏建的問題，黑名單裡也當然包含各種網路犯罪嫌疑人。簡單的說，就是在建置黑名單之後，查詢時皆採用『完全符合』，而未使用擴大查詢的『模糊比對』，因此產生了有遺漏之虞的問題，才被保險局所裁罰。這部分也提供一個資安的重點，亦即在做資安查核時，必要時應以『**模糊比對**』做為查詢方式，如果過於精準反而容易遺漏。此裁罰內容的另一項，就是遠雄人壽本身客戶或者法人黑名單建置不確實或漏建，此部分在裁罰內容已經寫的很清楚了，讀者可以參考裁罰內容之敘述。

有關黑名單的建置規則，除了本身客戶之外，法務部也有提供相關國內外之黑名單，參考網址：

https://www.aml-cft.moj.gov.tw/624184/624196/Normalnodelist

參考頁面如下：

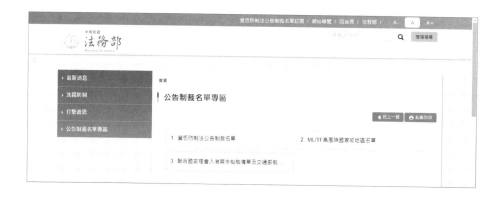

以上內容，提供給各位讀者做一個參考。

《裁罰結果》

有關洗錢防制部分，主要為洗錢防制法第 7 條第 1 項

第 7 條

金融機構及指定之非金融事業或人員應進行確認客戶身分程序，並留存其確認客戶身分程序所得資料；其確認客戶身分程序應以風險為基礎，並應包括實質受益人之審查。

以上有關洗錢防制部分，綜合相關的各項，共被裁罰五十萬元整，有關未落實內控三道防線，主要為予以糾正。

《總結》

1. 落實內部控制的三道防線。
2. 落實洗錢防制法及打擊資恐之規定。

裁罰對象：富邦產物保險（股）公司

裁罰日期：2020/03/20

裁罰標題

富邦產物保險股份有限公司辦理保險業務，違反保險法相關規定，
共核處罰新台幣 120 萬元整及 2 項糾正。

《裁罰內容有關資訊安全之違法事項》

金管會保險局與資安有關裁罰內容：

（一）辦理資訊安全作業，未建置事件風險評估及因應處理措施；未規範
防火牆檢視作業之重點原則項目，對於採高風險連線功能者，亦未
一併規範納入評估其安全性及必要性；伺服器主機特殊權限帳號未
依內部規定辦理密碼變更；個人電腦之軟體為戶僅仰賴每半年定期
保養作業，致眾多個人電腦安全之軟體存有資安弱點，核有礙健全
經營之虞。

（四）辦理資訊系統之安全控制作業，如：行動應用程式首次上架或權限
異動，以及對於系統廠商定期或不定期發佈重大安全性問題，有未
依內部規定進行審視及風險評估等情事，核與保險法第 148 條之 3

第 1 項授權訂定之『保險業內部控制及稽核制度實施辦法』第 6 條 1 項第 6 款及第 8 款規定不符。

有關上述的資安部分，在**保險業公開資訊觀測站**查詢其詳細的缺失內容，將其中幾項資安重點缺失，歸納如下：

事實及理由：

一、　貴公司辦理資訊安全作業，經查有下列缺失情事，核有礙健全經營之虞。

（一）檢查意見一（二）2，雖定期產製網路攻擊資安事件分析報表，**惟未建置事件風險評估及因應處理措施**，不利網路安全與攻擊防護，如：107 年之正式區入侵防禦系統月報（Mcafee NS5100），揭露有高風險之攻擊事件及建議措施，惟均無敘明後續處理情形。

（三）檢查意見三（九），伺服器主機特殊權限帳號有密碼逾 180 天未變更之情事，未符合應遵循之『富邦金融控股股份有限公司一般與資訊人員資訊作業管理辦法』規定。如：作業集中化系統 PRODDB （TPEINSBPMORAB3P、TPEINSBPMORAB4P）之資料庫帳號 SYSTEM-FCBS，密碼最後異動日為 106 年 9 月 9 日、MailHunter 系統（TPEINSEDMSQL01P）帳號 ADMIN，密碼最後異動日為 106 年 11 月 3 日、FireMon 防火牆管理工具（TPEINSFIRMON02P）帳號 TPEINSFIRMON01P，密碼最後異動日為 106 年 9 月 9 日等。

（四）檢查意見三（十），個人電腦之軟體維護僅仰賴每半年定期保
養作業，致眾多個人電腦安裝之軟體存有資安弱點，截至檢查
結束日仍未完成修補，不利個人電腦使用安全。如：

1. Adobe Flash Player（版本 28.0.0.161 之前）已於 107 年 3 月
   13 日公佈存有 CVE-2018-4919、CVE-2018-4922 等重大弱
   點，未修補者計 38 台。

2. Mozilla Firefox 瀏覽器（版本 63 以前）官方網站已於 107 年
   12 月 11 日公告存在多個安全性弱點，駭客可透過記憶體
   的安全弱點，來執行任意程式碼之嚴重風險弱點，未修補
   者計 121 台。

3. 解壓縮軟體 WinRAR（版本 5.61 之前）已於 108 年 2 月 5
   日公佈存有 CVE-2018-20250 高風險漏洞，未修補者計 278
   台。

四、 貴公司辦理資訊安全作業，經查有下列缺失情事，核與保險法第 148
條之 3 第 1 項授權訂定之『保險業內部控制及稽核制度實施辦法』
第 6 條第 1 項第 6 款及第 8 款規定不符：

（一）檢查意見三（七）：辦理行動應用程式首次上架或權限異動，
未依所訂『行動 APP 上架及異動標準作業程序』執行審核，致
發生行動 APP 實際開設權限與檢核權限表不符之情事。如：富
邦產物保險 APP（Android 版）安裝時要求使用者同意授予『檢
視 Wifi 連線、尋找裝置上的帳號、存取概略位置、存取精確位
置、修改 / 刪除 SD 卡的內容、讀取 SD 卡的內容、存取額外的

地點提供者』等項目之使用權限，惟貴公司 108 年 2 月 27 日之『行動 APP 存取權限檢核表 -Android』，對上開項目『是否使用』之欄位皆勾選『否』，與事實不符。

（二）檢查意見三（八）1：對於廠商定期或不定期發佈重大安全性問題，未依所訂『開放系統修補程式執行程序』進行審視及風險評估，僅依每年二次定期弱點掃描結果，決定是否執行作業系統修補更新，致部分主機作業系統逾一年未執行更新作業。如：總帳系統主機 TPEINSSUAAPPC3P、TPEINSSUAAPPC4P、TPEINSSUAAPPC5P、TPEINSDBASQLC3P 作業系統最後更新日期分別為 106 年 11 月 20 日、106 年 11 月 21 日、106 年 12 月 19 日、106 年 11 月 2 日，信用卡授權系統主機 TPEINSEDCGAW02P 最後更新日期為 106 年 6 月 15 日，投資帳務系統主機 TPEINSIASAPPC1P 作業系統最後更新日期為 107 年 8 月 8 日，電子保單認證主機 TPEINSELIAPP01P、TPEINSELIAPP02P 作業系統最後更新日期為 106 年 5 月 19 日等。

《理由及法令依據》

保險法第 149 條第 1 項、第 171-1 條第四項。

《筆者分析》

富邦產物保險的裁罰案，有幾個重點可以提出說明，首先，我們很常看到被裁罰的公司，常會出現『**未建置事件風險評估及因應處理措施**』（如上述事實理由一（一）），到底這個風險評估如何建置呢？筆者參考相關的資料後，簡單說明建置流程當中的步驟，本次範例共有六個步驟，六張表格，分別是：**影響敘述分類表、機率之敘述分類表、內部控制度風險登錄表、主要風險項目彙總表、風險圖像、作業程序說明表**，建置方式如下：

（1）機率之敘述分類表：首先分出風險等級。

等級（L）	可能性分類	詳細的描述
3	幾乎確定	在大部分的情況下會發生
2	可能	有些情況下會發生
1	幾乎不可能	只會在特殊的情況下發生

（2）影響敘述分類表：從風險等級後，再詳細分析事件後續嚴重度及該揭漏哪些資訊。

等級	衝擊或後果	機關形象	資訊揭露	目標達成
3	非常嚴重	經所有媒體廣泛的報導，產生嚴重形象受損	發佈內容有非常嚴重的錯誤	目標大部分無法達成，遭外界非常嚴重的質疑
2	嚴重	經主要媒體的報導，產生形象損害	發佈內容有嚴重的錯誤	部分目標無法達成，遭外界質疑
1	輕微	單一媒體報導，損害單位形象	發佈內容有些微錯誤	少部分目標未能達成，遭外界質疑狀況較輕

（3）**內部控制制度風險登錄表及分析表**：依照內部控制制度，提出報告，區
分責任單位，並提出新對策，做風險分析，最後核算出風險係數。

內部控制制度風險登錄表

主要風險項目	風險情境及影響	風險處理		負責單位
		現有措施	新增對策	
單位受到勒索病毒攻擊	某些單位無法登入系統，造成某些單位無法運作	請求資訊單位協助	除向資訊單位請求協助，並立即通報主管機關	受害單位及資安、資訊、風控、稽核單位

內部控制制度風險分析表

主要風險項目	風險評估		現有控制機制	殘餘風險	
	風險等級	衝擊後果		風險等級	衝擊後果
單位受到勒索病毒攻擊	3	3	除向資訊單位請求協助，並立即通報主管機關	3	2

（4）**主要風險項目彙總表**：以各單位責任，進行各項風險評估及推算。

單位名稱	風險機率	風險嚴重性	風險情境及影響
財務處（A2）	2	3	系統無法運作
採購部門（A3）	3	3	資料鎖住，無法開啟

（5）**風險圖像**：將（4）步驟結論，將各單位評估的結果，放入表風險圖
像表格內，判斷各單位風險分布。

		風險可能性		
		幾乎不可能	可能	幾乎確定
風險衝擊及後果	非常嚴重	E3	E4、E5、C3	A2、A3、A1、B、E1、E2
	嚴重	C1、C2		C5、C6
	輕微	C7、A5		

（6）作業程序說明表：彙整上述五個步驟，制定內部控制制度，內稽即以此為原則進行內部稽核。其中包含作業程序、控制重點、使用表單及法令依據，這就是資安制度建立的產出，必要時得修正，並重複上述步驟重新評估，產生新的制度。

項目編號	XXX-XXX
項目名稱	勒索病毒處理
作業程序說明	1. 首先分析來源。 2. 注意是否為內部感染或外部入侵。……
控制重點	1. 是否分析來源？ 2. 是否評估風險？……
法令依據	1. 資通安全管理辦法 2. 臺北市政府資訊安全管理規範……
使用表單	依實際狀況使用不同表單

由上述六個步驟可以了解，建立制度是有其邏輯性，而非直接拿別家的制度 Copy 過來，就可以實施，前置作業如果未完善，沒有考慮風險性，這樣所訂定的制度必定會有其漏洞，且容易誤判風險，以上參考行案例也給大家做參考，也了解資訊安全制度建立並非沒有邏輯跟步驟。

接著再來看事實及理由一（三），有關伺服器密碼變更問題，由於該裁罰案，富邦產險有其內部規定必須在 180 天內變更密碼一次，故該公司就需要遵守其規定定期更新密碼，僅在此分享行政院版的密碼管理要點給大家參考：

使用者通行碼之管理：

1. 使用者選擇及使用通行碼時，應遵守機關資訊安全規定。
2. 應依下列原則配賦、管理及使用通行碼：
   (1) 以嚴謹的程序核發通行碼，明確規定使用者應負的責任。
   (2) 個人應負責保護通行碼，維持通行碼的機密性。
   (3) 應避免將通行碼記錄在書面上，或張貼在個人電腦或終端機螢幕或其他容易洩漏秘密之場所。
   (4) 當有跡象足以顯示系統及使用者密碼可能遭破解時，應立即更改密碼。
   (5) 使用者密碼的長度最少應由六位長度組成。
   (6) 應儘量避免以下列事項作為通行密碼：
      ・年、月、日等時間資訊。
      ・個人姓名、出生日、身分證字號或汽機車牌照號碼。
      ・機關、單位名稱、識別代碼或是其他相關事項。

- 電話號碼。
- 使用者識別碼、使用者姓名、群體使用者之識別碼或是其他系統識別碼。
- 重複出現兩個字以上的識別字碼。
- 以全部數字或是全部字母組成密碼。
- 英文或是其他外文字典的字。
- 電腦上使用者的名字。
- 電腦主機名稱、作業系統名稱。
- 地方名稱。
- 專有名詞。
- 任何人的名字。

(7) 使用者第一次登入系統時，系統應要求更改臨時性通行碼。

(8) 自動化登入系統之通行碼，不宜存放在巨集或是功能鍵中。

(9) 應定期更換通行碼，原則上以每三個月更新一次為原則，最長不得超過六個月；應儘量避免重複或循環使用舊的通行碼。

(10) 對有存取系統公用程式等特別權限的帳號，使用者密碼的更改頻率應較一般通行碼的更改周期為高。

3. 須存取多人使用之系統，或須進入不同的系統平台，應考量使用安全等級較高的通行碼。（如：使用單向加密演算法將通行碼加密）

最後，就是有關軟體更新或安全性的問題，針對此問題，前面個案也有提過更新的重點，在此就不再贅述，實務上，目前大部分公司是一個月更新一次，不過，有鑑於病毒入侵的時間，有時公司在無法立即反應或更新，在此情況下，一定要盡快通報主管機關，以免狀況持續惡化。

《裁罰結果》

有關事實及理由一，依保險法第 149 條第 1 項規定，予以糾正；事實及理由四，主要依保險法第 171 條之 1 第 4 項規定，核處罰緩 60 萬元。

第 171-1 條

保險業違反第一百四十八條之三第一項規定，**未建立或未執行內部控制或稽核制度**，處新臺幣六十萬元以上一千二百萬元以下罰緩。

《總結》

1. 確實建立及執行資安的內部控制制度。
2. 密碼需定期更新，密碼設置原則，也可參考行政院密碼管理要點設置。
3. 病毒變化及更新速度極快，需隨時做好安全性更新，若遇到緊急事件，必要時得通報主管機關協助處理。

第十一件裁罰案

裁罰對象：金鷹保險經紀人有限公司

裁罰日期：2020/02/10

裁罰標題

金鷹保險經紀人有限公司辦理洗錢及資恐風險辨識及評估作業，違反保險法相關規定，核處 2 項限期 1 個月改正，並予以糾正。

《裁罰內容有關資訊安全之違法事項》

（本案僅第三項與資安有關）

（二）辦理防制洗錢及打擊資恐業務之人員具有利益衝突之兼職，與行為時保險業防制洗錢及打擊資恐內部控制要點第 6 點第 2 款規定不符。

《理由及法令依據》

保險業防制洗錢及打擊資恐內部控制要點於民國 107 年已廢止，此處裁處可能有誤植法令之問題，然因並非本案所討論之重點，故本案忽略其裁罰之法令內容。

金管會廢止公告如下：

廢止保險業防制洗錢及打擊資恐內部控制要點

2018-11-09

金融監督管理委員會　令

發文日期：中華民國 107 年 11 月 9 日

發文字號：金管保綜字第 10704566966 號

《筆者分析》

這個案件在編寫本書時，該裁罰案已刪除，然筆者還是將該案做為探討之案例分享，主要問題點，在於該案在當時裁罰內容所寫的『**利益衝突之兼職**』的問題，筆者以此做為探討所謂『資安長』的職位與條件的相關問題，首先，我們可以參考以下的『金融控股公司及銀行業內部控制及稽核制度實施辦法』第 38-1 條第 1 項規定，

第 38-1 條

銀行業應設置資訊安全專責單位及主管，**不得兼辦資訊或其他與職務有利益衝突之業務**，並配置適當人力資源及設備。但主管機關對信用合作社及票券金融公司另有規定者，依其規定。

資安長為獨立專責單位主管，為了獨立運行，所以不能去兼職資訊管理的職務，畢竟，資訊安全如果有兼職的情況，就不具**獨立性**。甚且，如果兼任其他職務，有很大的機率會利用職務之便，竊取公司機密文件及獲取不

當的資訊，因此，這個糾正案也明確的告訴大家，資安長的條件是很嚴格的，同時，也需要每年受相關的訓練，才能符合任職的條件，故筆者舉此案為例，讓大家了解這個職務的重要性。

筆者將資安長的資格及專業證照，簡單歸納為下列兩點，以茲做為一個參考：

（1）資格方面：

傳統思維裡的資安長必須擁有電腦科學或相關領域的學位（至少學士以上），並具 7 至 12 年工作經驗（包括至少五年的管理職）；此外，還有一系列預期的技術能力清單，包括本書一些案例的違法事實的基本知識認知，例如：防火牆建制、DDoS 的技術、程式碼、道德規範等等的安全技術，都需要具備判斷的能力。不過，近年來，也並非以技術面做為思考此職務的唯一條件，很多資安長，可能出自於稽核部門、法務部門，或者風控部門，不在只著眼於任用資訊相關的人才。

（2）專業資安證照：

目前資安證照越來越多，熱門的證照大部分是屬於國外證照，例如：Certified Information Systems Security Professional（CISSP）、Certified Information Security Manager（CISM）以及 Certified Ethical Hacker（CEH）等等較熱門的證照，在台灣經濟部也有辦理『資訊安全工程師能力鑑定』資格考試，筆者認為，這類證照在台灣，可以參照國外的證照內容，並透過每年定期上課方式，做為任職資安長進修的必要資格及條件，並在法令中詳細規定。如**『金融控股公司及銀行業內部控制及稽核制度實施辦法』**第 38-1 條第 4 項就有規定，就可做為企業參考之標準。

法令參考如下：

第 38-1 條

銀行業資訊安全專責單位人員，每年至少應接受十五小時以上資訊安全專業課程訓練或職能訓練。總機構、國內外營業單位、資訊單位、財務保管單位及其他管理單位之人員，每年至少須接受三小時以上資訊安全宣導課程。

《裁罰結果》

本裁罰案金管會已刪除，故不探討該裁罰結果。

《總結》

1. 資安長具有獨立性問題，故不可以兼職其他工作。
2. 資安長資格限制，已非舊有需要由資訊人員出任，稽核、風控、法務等等亦可出任，惟仍需補足專業資格。
3. 資安長或資訊人員仍需每年進修，並達到相關進修時數。

裁罰對象：宏泰人壽保險（股）公司

裁罰日期：2019/12/06

裁罰標題

宏泰人壽保險股份有限公司辦理保險業務，核有違反保險法令規定，依保險法第 171 條之 1 第 5 項規定，核處罰鍰新台幣 60 萬元，併同法第 149 條第 1 項及個人資料保護法第 48 條規定，予以 12 項糾正及 1 項限期改正之處分。

《裁罰內容有關資訊安全之違法事項》

金管會保險局與資安有關裁罰內容：（本案第二及三項與資安有關）

（一）辦理利害關係人交易對象之建檔作業，保險商品費用適足性檢測作業，取處不動產鑑價作業、保經代通路業務品質控管作業，客戶洗錢風險等級評估級自建名單資料庫更新、防制洗錢及打擊資恐交易持續監控作業、行動裝置應用程式（APP）作業、網路管理作業、資安評估作業及社交工程演練及伺服器管理作業等缺失事項，核有礙公司建全經營之虞。

（二）辦理電子個資檔案安全維護作業未進行加密，核有礙公司健全經營之虞。

有關上述的資安部分，在**保險業公開資訊觀測站**查詢其詳細的缺失內容，將其中幾項資安重點缺失，歸納如下：

事實及理由：

十三、檢查意見四（一）1、（二）、（三）1、2、3、（四）：辦理行動裝置應用程式（APP）作業、網路管理作業、資安評估作業、105 及 106 年社交工程演練及伺服器管理作業，經查有下列事項欠妥，核有有礙公司建全經營之虞之情事：

（一）尚未訂定 APP 之上架管理規範，以規範 APP 開發、發佈及上版流程，及開發帳號最高權限／金鑰管理及更新程式之安全檢核程序，且有 APP 開發人員、金鑰管理人員及上版人員皆為同一人，不符內部牽制原則，如：107 年上線之 ios 2.1.1 及 2.1.3 版 APP，為同一人開發、測試及上版，且未有系統需求單之申請紀錄。

（二）對正式及測試作業環境未妥適區隔，不利網路安全管控，如：壽險核心系統主機正式、測試環境伺服器均置於 192.***.***.X 及 192.***.***.X; 宏泰 LineAP 主機正式、測試環境伺服器均置於 192.***.***.X（DMZ 區）及電銷系統 AP 主機、DB 主機及測試主機均置於 192.***.***.X 等網段內，未與測試主機建立適當之網段隔離。

（三）對防火牆規則尚未訂定基本政策原則，以供維護管理作業依循，致所設規則有授權過於寬鬆情形，如所訂『防火牆規則』第 15 條規範，允許非武裝區伺服器（群組：AppPHost）對所

有伺服器（Any）進行任何形態的網路存取；第 73 條，允許
內部伺服器（群組：Bloomberg）對所有伺服器（Any）進行任
何形態的網路存取；另第 7、11、23、50、53 及 73 條允許外
部 IP 使用未加密之 Ftp 傳輸資料至 DMZ 伺服器。

（四）對外部專業機構辦理資訊安全作業所發現之缺失意見，未建立
完整之追蹤機制、明訂改善期限及修補紀錄，致有缺失意見久
未改善者，如：105 年資安評估作業查核發現之『旅平險線上
投保平台 / 線上契變 / 線上借款 / 電子化線上申請 / 保單查詢
服務未制定程式設計安全規則等，提供給內部開發軟體確保軟
體品質及安全控管依據』及『防火牆規則第 9、10、38、50、
51 及 53 條允許外部 DMZ IP 使用未加密之 ftp』等意見。

（五）辦理弱點掃描及滲透測試作業，對掃描發現之漏洞修補及追蹤
處理有未依內部規範確實排定修補時限，覈實評估及檢測風險
弱點對系統安全之實質影響，以加強辦理後續追蹤修補者，
如：105 年弱點掃描有嚴重風險 4 項、高風險 4 項、中風險
78 項及低風險 22 項，網頁滲透測試有高風險 2 項、中風險
16 項及低風險 8 項。

（六）社交工程演練，有 105 年及 106 年連兩年演練結果之點選比
例過高，惟未對實際開啟比率偏高之單位或點選人員，加強社
交工程訓練或宣導者，如：105 年社交工程初測結果開啟信件
帳號比率 19.2%，開啟附件比率 19.9%；106 年社交工程初測
結果開啟附件比率 15.3%，開啟連結比率 10.8%。

（七）對伺服器之最高權限使用者帳號及密碼，有未建立申請、作業
紀錄（登入、出時間）留存及覆核之控管程序，不利資訊系統
安全管理，如：壽險系統、網路投保系統等伺服器計 97 部，
係由多位伺服器管理者自行持有使用。

（八）對採 Windows 2000 及 Windows 2003 作業系統之業務系統
伺服器，業經原廠微軟公司公告停止提供系統更新及漏洞
修補程序，惟迄未評估影響及風險，並研擬因應措施，如：
Windows 2000 系統伺服器計有分層負責核決表系統主機 1 部；
Windows 2003 系統伺服器計有員工專區網站主機及通路查詢
服務（life）資料庫系統主機等合計 19 部。

（九）伺服器系統安全參數設定有過於寬鬆或不一致者，如：經查
公司網域控制站之群組原則（GROUP POLICE OBJECT,GPO），其
使用可還原之加密來存放密碼設定『尚未定義』、強制密碼歷
程紀錄『3 組記憶碼』及帳戶鎖定時間為『3 分鐘』與 105 年
勤業眾信辦理資安評估作業之建議值相比，尚顯寬鬆；另網路
投保伺服器其密碼最短使用期限為『0 天』、帳戶鎖定時間及
鎖定計數器之時間為『10 分鐘』及稽核登入事件為『沒有稽
核』，均與公司網域控制站之群組原則設定不一致，不利資訊
安全。

（十）對申請使用虛擬私有網路（VPN）遠端連線作業，公司尚未全
面實施申請及使用紀錄之主管覆核檢視機制，且由公司外部使
用 VPN 遠端連線，僅須輸入帳號與密碼即可登入及使用內部
網路，認證機制亦不足，不利安全控管。

（十一）公司對外公開之官方網站（**www.hontai.com.tw**）及網
路投保專區（bolemei.hontai.com.tw）經檢測存有安全漏
洞，易致中間人攻擊風險，如：檢查日（107.11.30）以
『QUALYS'SSL LABS』網站工具檢視官網之安全性，檢測結
果表示伺服器支援較弱之憑證加密安全協定（Weak Diffie-
Hellman），易造成攻擊者進行中間人攻擊。

十四、檢查意見四（五）1：辦理電子個資檔案安全維護作業，對各單位允
許之網路分享資料夾，有部門分享資料夾內含個人資料而未進行加
密儲存或遮罩者，如：電腦名稱 APGR***、hr1***、ag2*** 及 crm-
tp*** 之網路分享資料夾內含個人資料而未辦理加密儲存或遮罩，核
與個人資料保護法第 27 條第 1 項及同條第 3 項授權訂定之金融監督
管理委員會指定非公務機關個人資料檔案安全維護辦法第 9 條第 2
款規定不符。

《理由及法令依據》

保險法第 149 條第 1 項、第 171 條之 1 第 5 項及個人資料保護法第 48 條第
4 款規定。

《筆者分析》

宏泰人壽的這個裁罰案，在編寫本書時，原始裁罰內容已經從金管會網站
上移除，保險業公開資訊觀測站仍有裁罰原文，因為本案仍具有參考之價
值，故在此針對該案，較重要的部分，做出以下之說明及分析：

（一）首先我們先看該公司 APP 開發，該裁罰事實，提到所謂的『內部牽制原則』，我們先定義一下，

《提示》：何謂內部牽制原則？

所謂內部牽制原則，即不同職務不能同時由一個人兼任，在會計上，最常聽到的『管錢不管帳、管帳不管錢』即是最常見內部牽制原則。其原則主要是為了達到防弊的管理目標，所以會將不同業務予以分開，避免由一個人專斷，產生安全之漏洞。

APP 之開發、發佈及上版流程，及開發帳號最高權限／金鑰管理及更新程式之安全檢核程序，在該公司皆由同一人完成，如果，該員利用權限惡意竄改資料，或者將資料洩漏予第三方，此時對於公司的資安就會產生極大的傷害，有鑑於此，不管是 APP 或者各項軟體及應用程式的開發，都需要將其分工明確，避免過度集中於某位開發者身上。該原則也必須明訂於稽核流程內，藉由內稽檢查是否有此情事之發生，此為極重要的軟體開發的資安原則。故再強調，軟體之開發，不能由一人獨立完成不相同之工作業務。

（二）我們可以看到宏泰保險公司都有針對資安進行測試，主要的問題在於他們未進行追蹤，所以成效無法完全發揮出來，我們看事實及理由十三、（四）～（六）及第（九）主要就是在於沒有針對演練做追蹤及改善，尤其第九項公司已經花了一筆費用請勤業眾信做資安評估，但結果是公司將其權限放的更寬鬆，實在有點可惜花了經費做資安，成效又沒顯現出來，這點也必須再次強調，無論是內部或者

外部測試，都建議公司要進行追蹤，確實嚴格的執行與改善，以避免資安漏洞產生。

（三）由此裁罰案例裡面，除了一般很常見的問題之外，我們也可以注意到，該公司並沒有對於 VPN 做有效的控管，如上述（十）違法的事實，就有強調，**VPN 的使用，必須要確實的去申請**，另外就是每次連線都要由主管覆覈並檢視其連線狀況，VPN 最常使用的情況，就是去對岸出差，由於對岸對於網路有控管，公司內如果有 VPN 建置，其實是一種最方便的連線方式，但近兩年對岸也開始有針對 VPN 進行列管，甚至禁止使用，不過，VPN 的形式也越來越多樣化，防火牆的很多功能或者協定都會受到挑戰，有些 VPN 具有加密、繞道以及反偵測的功能，因此，這也就加深了偵查的難度，這也同時給企業警訊，雖然 VPN 連線很方便，然而資安也就跟著會出現缺口，公司如果不能做好控管，內部機密被內部人洩漏的機會相對也會變高。

《裁罰結果》

（1）有關事實（十三），依保險法第 149 條第 1 項規定，予以糾正。

（2）有關事實（十四），經核違反個人資料保護法第 27 條第 1 項及第 3 項授權訂定之金融監督管理委員會指定非公務機關個人資料檔案安全維護辦法第 9 條第 2 款規定，依個人資料保護法第 48 條第 4 款規定，命其於裁處書送達翌日起 30 日內改正。

《總結》

1. 有關軟體開發需遵守『內部牽制原則』，避免整個流程過度集中於一人。

2. 無論內部或外部的資安評估或測試，都需呈報董事會，並責請相關單位追蹤改善。

3. 有關於 VPN 的使用，必須要確實申請，並且由主管定期檢視其連線狀況，避免有內部資料洩漏的情況發生。

裁罰對象：國泰世紀產物保險（股）公司

裁罰日期：2019/12/04

裁罰標題

國泰世紀產物保險股份有限公司辦理資訊作業時，核有礙公司健全經營之虞，依保險法第 149 條第 1 項規定，核處 2 項糾正。

《裁罰內容有關資訊安全之違法事項》

金管會保險局與資安有關裁罰內容：

（一）公司訂定源碼檢測作業細則，惟其規範之內容未臻周延，另有對外服務應用系統未全面清查或檢測使用者帳號、權限等缺失，皆不利作業遵循與網路系統安全之維護，核有礙公司健全經營之虞。

（二）辦理防火牆規則檢視作業，有規範內容尚未包括檢視作業之重點原則項目、檢視範圍不完整等情事；又辦理電子郵件對外傳輸之資料保護管控，有部分未建立過濾阻擋或控管機制、過濾偵測條件欠嚴謹等缺失情節，皆不利資訊安全防護，核有礙公司健全經營之虞。

有關上述的資安部分,在**保險業公開資訊觀測站**查詢其詳細的缺失內容,將其中資安缺失,歸納如下:

事實及理由:

一、 檢查意見一(一),公司雖訂有原碼檢測作業細則及說明公司接受風險之考量因素,惟 107.12.25、108.2.19、108.2.20 檢測時,仍有對風險等級弱點未明確定義、未建立相關弱點等級對應表,不利落實評估風險及採取後續因應措施,有控管程序欠嚴謹、規範內容未臻周延情事;另 107.9 參加攻防演練遭入侵成功後之改善作業、權限等缺失,皆不利作業遵循與網路系統安全之維護,核有礙公司健全經營之虞。

二、 檢查意見四及檢查意見五,107 年下半年辦理防火牆規則檢視作業抽查,有規範內容尚未包括定期全面檢視重點原則、有檢視範圍不完整等情事;又辦理電子郵件對外傳輸之資料保護管控,雖有相關控制機制及作業,惟有部分為建立過濾阻擋或控管機制、過濾偵測條件欠嚴謹等缺失情節,至全公司白名單達 480 人,皆不利網路安全、資訊安全及個資安全防護,核有礙公司健全經營之虞。

《理由及法令依據》

保險法第 149 條第 1 項規定。

《筆者分析》

國泰世紀產物保險的這個裁罰案，是比較小的糾正案，該案的重點在於有提及『源碼檢測作業』，該檢測作業也被列入金管會保險局的查核重點，故將本案列為資安裁罰案裡的一個重點，

《提示》：何謂源碼檢測作業？

所謂源碼檢測，就是透過檢視原始碼的方式，尋找並指出原始碼當中潛藏的安全性弱點，分析其弱點種類、攻擊路徑等資訊，藉由分析的結果，修改相關的程式以避免弱點的產生。

源碼檢視測試在很多時候都可以進行檢視，不管是開發中或是已經開始使用網頁、軟體、APP 等，只要有相關程式設計人員，都可以進行測試，甚至於由同一個開發團隊直接進行程式的除錯（Debug）也可算是源碼檢測作業的一部分，只是在開發階段，程式開發人員忙於設計開發，通常無暇把時間大量用於資安的檢測，故由外部單位來查核源碼比較能從不同角度切入，協助開發人員了解問題之所在，協助整體程式設計更完整，這是源碼作業的優點。

本次源碼檢視作業細則不周延的原因，主要是檢測時，對於風險等級，弱點未明確定義及未建立弱點等級對應表，所以變成即使找到弱點，也不知道該放到哪一個等級裡面，相應措施及解決方式無法明確訂定。有關風險等級分類，可以參考本書保險局篇第十件裁罰案：富邦產物保險（股）公司的內容，有將風險等級分類做簡單的說明，因此弱點等級對應表，就需

要讓公司所有部門多了解、多運用以及常去分類，以避免無法辨識風險性的等級的問題產生。

《裁罰結果》

本案依保險法第 149 條第 1 項規定，予以糾正。

《總結》

1. 源碼檢測作業主要分析程式設計時的弱點，對於整體軟體開發以及資安有一定的助益。
2. 風險等級分類之後，需加強各部門的了解及運用狀況，避免主管機關檢查時，出現無法應對的情況。

14

第十四件裁罰案

裁罰對象：南山人壽、產物保險 （股）公司

裁罰日期：2019/09/17

裁罰標題

（1）南山人壽的裁罰標題：南山人壽保險股份有限公司辦理「境界成就計畫專案」，違反保險法令裁罰案，依保險法規定，核處罰鍰新臺幣（下同）3,000 萬元整，以及予以 5 項糾正，令該公司停止投資型保險商品新契約業務，直至投資型保險商品資訊系統改善完成，經本會認可之第三方專業機構查核驗證通過，並報經本會同意，始得恢復辦理；併令該公司調降前總稽核楊○○薪酬30% 為期 1 年，且 3 年內不得再任總稽核；併停止董事長杜○○其董事及董事長職務 2 年，令該公司於杜○○停止董事及董事長職務期間，不得支付或給予杜○○任何形式之報酬及福利。

（2）南山產物保險的裁罰標題：南山產物保險股份有限公司自母公司承受移轉其與系統建置廠商簽訂之系統建置合約，查有違反保險法相關規定，核處罰鍰新臺幣 600 萬元整。

《裁罰內容有關資訊安全之違法事項》

金管會保險局與資安有關裁罰內容：

《有關南山人壽部分》

（一）南山人壽：

1. 專案控管作業：專案管理團隊之建立未落實內控三道防線架構，且未就該專案重要內容之研商過程與決議事項建立妥適之內控監督機制，不利內控之有效運作；該公司內部稽核單位於 103.4.30 啟動該專案後，遲至 106.11.6 始就該專案辦理專案查核，未將該專案管理團隊是否有效評估及控制合約內容可能衍生之風險，及履約過程是否建立妥適之內部控制監督機制等項目納入查核，致無法適時提供相關改進建議，不利董事會之有效監督；又境界系統上線未進行平行測試，或相關完備之替代測試方案，草率匆促取代舊系統上線，致產生諸多問題，影響保戶權益甚鉅；因系統測試範圍不完整及程式功能未完成修復，導致投資型保險商品之系統功能頻繁出錯；因系統功能問題進行修復，所為之暫停寄發催告通知書及進行系統鎖單動作，亦持續發生保單給付金額錯誤、未正常寄發繳費通知單等情事；依該公司於 108.5.9 所報「境界計畫具體改善規劃」，截至 108.7.31 經第三方驗證機構查核驗證結果，仍未依該公司函報時程改善完成，嚴重影響保戶權益及公司正常營運；境界系統有發生作業重大缺失事項，卻未依規定即時向本會辦理重大偶發事件通報，其處理流程欠妥。

（二）相關人員：

1. 南山人壽董事長杜○○應負決策失當，未善盡督導南山人壽辦理「境界成就計畫專案」之責，嚴重影響保戶權益及公司正常營運，有礙公司健全經營，杜○○自 104.8.13 起擔任南山人壽董事長，亦為該專案主要負責人，該專案辦理過程進度嚴重落後及追加預算金額龐大，且本專案於重新議約並調整合作模式時，杜○○卻未尋求外部專家意見並審慎評估，決策顯有失當，另境界系統上線不採平行測試，所採行之替代測試方案亦不完備，嚴重影響系統運作及穩定性，致後續上線後產生諸多問題，又杜○○承諾境界系統於 108 年 6 月底前能穩定運作，依南山人壽於 108.5.9 所報「境界計畫具體改善規劃」，亦載明可於 108 年 6 月底完成改善，惟經第三方認證機構之查核驗證結果，截至 108 年 7 月底發現許多項目未依公司所報時程改善完成，杜○○未確實善盡督導南山人壽辦理「境界成就計畫專案」之責，嚴重影響保戶權益及公司正常營運，有礙公司健全經營。

2. 南山人壽前總稽核楊○○未就本專案辦理情形進行完整查核，未落實第三道內稽防線機制，未善盡執行內部稽核制度之職責，核有輕忽廢弛職務之情事，嚴重有礙公司健全經營。

《有關南山產物保險的部分》：

該公司於 105 年 9 月 22 日董事會通過自母公司承受移轉系統建置合約，並於同日簽署權利轉換合約（下稱系爭合約），經查有下列違失：

（一）董事會及審計委員會對於合約中攸關承受母公司系統建置合約之重
　　　要約定及可能風險，有未詳予審議評估辦理等情事：

　　1.　該公司對於承受母公司合約之權利移轉議案，董事會及審計委員
　　　　會之提案內容及會議資料，僅簡略說明廠商報價之合理性，未有
　　　　完整成本分析及風險評估等內容；而董事會及審計委員會亦未要
　　　　求公司補具相關文件或分析報告，致未有充分評估該系統軟體購
　　　　置之合理性及正當性，顯示董事會及審計委員會未能有效發揮內
　　　　部控制監督作業，核與「保險業內部控制及稽核制度實施辦法」
　　　　第 4 條第 5 款規定不符。

　　2.　該公司對系統建置廠商中斷服務及後續因應對策等重大發展，均
　　　　未提報董事會，致董事會無法對廠商追加預算之合理性及擅自暫
　　　　停執行合約等事件，嚴加審議檢討並有因應，顯不利董事會確實
　　　　掌握並監督公司重要經營風險，足見管理階層未審慎考量保險業
　　　　外部環境與商業模式改變之影響，並執行必要之風險控制作業，
　　　　核與「保險業內部控制及稽核制度實施辦法」第 4 條第 2 款規定
　　　　不符。

（二）對系爭合約內容審閱、系統建置廠商要求追加預算之合理性及逕暫
　　　停執行之原因檢討等，有未落實內控三道防線架構：

　　1.　該公司承受母公司簽定之合約前，並未完整評估系統建置廠商之
　　　　履約能力與合約法律風險等，顯見該公司未落實內控三道防線，
　　　　欠缺內控監督機制，致未能採取適當政策與程序控制風險，並蒐
　　　　集攸關資訊以支持內部控制持續運作，核與「保險業內部控制及

稽核制度實施辦法」第 4 條第 3 款及第 4 款、第 6 條第 1 項第 9 款及第 7 條規定不符。

2. 該公司就合約風險管理及履約過程等重要事項，未依實際需求辦理專案查核，致無法適時提供相關改進建議，不利董事會有效監督，並顯示該公司內部稽核監督功能不彰，核與上開「保險業內部控制及稽核制度實施辦法」第 9 條及第 18 條規定不符。

《理由及法令依據》

保險法第 148 條之 3 第 1 項及第 171 條之 1 規定。

《筆者分析》

簡單說明一下，南山境界計畫的始末，南山境界計畫是與德國知名的 ERP 商 SAP 合作的新的保險整合平台，開發此平台共花了約 4 年半時間，此平台號稱是全球保險業唯一的整合平台，其中內容包含從投保開始、投保分析、保單受理、核保、理賠到投資、財會等等皆包含在裡面，然而在系統上線之後，卻陸續出現很多問題保單，數量達到幾十萬筆以上，甚至連繳款也出現扣款異常或重複扣款情形，整個系統上線之後，就像失控一樣，客訴越來越多，甚至驚動金管會出面要求改善，最後連當時金管會主委顧立雄先生都直接找上董事長杜英宗先生，最後金管會保險局才會有以上的裁罰結果出現，在 2019/09/17 最震撼的裁罰，就是南山人壽董事長杜〇〇負決策失當責任，以及總稽核楊〇〇內部稽核監督功能不彰，未落實執行

境界專案稽核作業，兩位主管雙雙中箭落馬。被裁罰之重，實在是歷年來罕見，大家可以看 9/17 是連開出的罰單，系統建置 600 萬，境界計畫董、稽失職 3000 萬、保險業務 180 萬，當天就開出了 3,780 萬元。

南山這個案子是**技術面失效**的一個案例，筆者相信很多資工、資安的技術人員會非常的不服氣，認為技術面才是王道，在某個條件之下，技術面的確有其重要性與領導性。但問題就在於，技術難以看到整體公司的運作面向，公司整體運作，是環環相扣的，當境界計畫開始之初，整個董事會想必一定充滿信心，也一定考慮到很多資安、技術等等面向，然而，最終結果是董事長、總稽核中箭落馬，難道是金管會的問題嗎？故意找碴嗎？ 想來不是，當客戶開始反應保單問題時，就已經浮現技術面不足的問題，也就是技術無法改善，符合客戶需求的問題，之後董事會也不是不想解決，而是無法解決。

換句話說，**束手無策！**

保險業是直接面對客戶的一個行業，有其特殊性，因此，大家在看裁罰案件時，不難發現幾乎都是保險局在裁罰的，而且不少是重複性開罰的，主要因為客戶不是專業人員，是普羅大眾，大眾的反應千奇百怪，不是規則、標準能控制的，當很多人再問規則、標準在哪時？這是沒必要的。面對大眾客戶，重點就只有解決他們的問題就好，他們不懂，也不一定想懂甚麼標準，同時，也不會管你技術有多棒的，不能解決客戶的問題，功能再多，技術再優，不能解決他們的問題，他們是非常直接給負面評比的。

單就從最後裁罰的額度來說，2019 年南山一家，就包了該年度保險業總罰款的一半以上了，如同我們之前所了解的，這件裁罰案裡面有跟資安議題

有關的內容，那就是未落實內部控制的三道防線，目前有太多資安事件缺失，是落在第二道法令遵循的防線上，那也提醒各位，法律是很重要的，不管大家從事技術、資安或者資訊相關工作，不要想說法律交給專業就好，南山的運作體系，比我們都要嚴謹，技術、法律、營運的考慮一定比大家都縝密，專業人員也是一堆，然而，最終還是賠了夫人又折兵。

筆者認為，如果資安是個重要的議題，把這個議題往外擴充時，能多思考，保持謙虛的心，來看自己的不足，才能讓資安再進步，觀念更扎實。

《裁罰結果》（轉貼重要的部分）

（一）南山人壽：

1. 專案控管缺失：該公司就境界專案未建立內控內稽制度，內部稽核監督功能不彰，且未確實執行系統開發、程式修改及測試程序之控制作業及辦理重大偶發通報，其處理流程欠妥，違規事實明確，嚴重影響保戶權益，且有礙健全經營之虞，核與保險法第148條之3第1項授權訂定之保險業內部控制及稽核制度實施辦法第4條、第5條、第6條及第7條規定不符，依保險法第171條之1第4項規定，核處罰鍰1,200萬元，及依保險法第149條第1項規定予以糾正。又鑑於該公司投資型保險商品系統功能頻繁出錯，且未依該公司規劃時程改善系統完成，罔顧保戶權益，依保險法第149條第1項第1款規定，令該公司自裁處書送達之翌日起令其停止投資型保險商品新契約業務，直至投資型保險商品資訊系統改善完成，經本會認可之第三方專業機構查核驗證通過，並報經本會同意，始得恢復辦理。

（二）相關人員：

1. 有關南山人壽董事長杜○○應負決策失當，未善盡督導南山人壽辦理「境界成就計畫專案」之責，嚴重影響該公司正常營運及保戶權益，有礙該公司健全經營，又為避免杜○○在職影響南山人壽經理部門有效辦理系統改善，及對專案履約工作之執行及檢討，實有必要於相當期間內停止其董事及董事長職務，應依保險法第 149 條第 1 項第 6 款規定，停止其董事及董事長職務 2 年，併依同條項第 7 款規定，令南山人壽於杜○○停止該公司董事及董事長職務期間，不得支付或給予杜○○任何形式之報酬及福利（包括但不限於薪酬、交際費、差旅費、房屋津貼或租金、獎金紅利等各項類似性質之給付）。

2. 有關南山人壽內部稽核監督功能不彰，未落實執行境界專案稽核作業，前總稽核楊○○核有輕忽廢弛職務之情事，依保險法第 149 條第 1 項第 7 款規定，令該公司自裁處書送達之翌日起調降楊○○薪酬 30% 為期 1 年，及 3 年內不得再任總稽核。

六、 其他說明事項：

（一）金管會呼籲，保險業有別於一般行業，其資金大部分來自於保戶，應依保險法令規定建立相關內部控制制度並落實執行，以發揮內控制度設計及執行之有效性，且就系統建置轉換上線，應確保保戶權益不受影響。

（二）良好之公司治理係保險業健全經營之基石，公司治理制度包括建立良好之公司組織及文化、內部控制制度及法令遵循機制，而公司治理之落實，有賴專業經理人責任及董事會職能之強

化。保險業應確實依保險法相關規定，依業務性質及規模，按內部牽制原理訂定內部控制制度並落實執行，並應強化公司治理及法令遵循機制，以維護保戶權益、共同維護保險市場秩序。

另，南山產物保險股份有限公司之缺失，核處罰鍰新臺幣 600 萬元整。

《總結》

1. 程式開發需通盤考量整體，而非僅強調技術面。面對資安的建置，也是需有相同的思維。
2. 落實三道防線，強化制度面的管控，以避免缺口出現，進而造成整體的崩潰，甚至影響到資安的建置。
3. 公司董事會需強化公司治理的精神，同時，也需了解資安相關問題，並責成公司落實及追蹤資安相關議案。

15

裁罰對象：國泰人壽保險（股）公司

裁罰日期：2019/09/16

裁罰標題

國泰人壽保險股份有限公司辦理保險業務，核有礙健全經營之虞，依保險法第 149 條第 1 項規定，予以 4 項糾正。

《裁罰內容有關資訊安全之違法事項》

金管會保險局裁罰內容：

（一）辦理網路相關規劃管理作業，FTP 伺服器未依規定置放。

（二）辦理弱點掃描及安全漏洞修補作業，修補速度顯待提升；重要網路設備廠商發佈之漏洞，有未及時進行修補者不利資訊安全之情形。

（三）辦理個資保護管控對外傳輸之資料，未將電子郵件地址納入偵測條件；對不同個資組合尚未建立對藉多次外寄低於門檻筆數個資之郵件；對防火牆已開放利用其他通訊埠對外傳輸內含個資檔案，尚未建立過濾或管控其適當性之機制等不利防犯個資外洩之情形。

（四）業務人員使用之行動投保 APP 資料更改，管控設計有欠妥善。

有關上述的資安部分，在保險業公開資訊觀測站查詢其詳細的缺失內容如下：

一、 檢查意見二（一）第 3 點、辦理網路相關規劃管理作業，FTP 伺服器未依規定置放於 DMZ 區，如：提供○○○等外部單位以 SFTP 或 FTP 連線使用之 FTP 伺服器係置放於內部伺服器區，核與自訂「網路設備管理施行細則」第 17 條「所有對外服務的伺服器主機（如：Web Server、FTP Serve）一律放置於 DMZ，外部連線只能透過置於 DMZ 之伺服器主機對內部存取，不允許直接由 Internet 存取 Intranet 中的任一主機」規定不符，核有礙健全經營之虞。

二、 檢查意見二（三）辦理弱點掃描及安全漏洞修補作業，有下列欠妥事項，核有礙健全經營之虞：

（一） 雖每季辦理弱點掃描並出具掃描結果報告，惟卷查 106 年至 107 年第 1 季弱點掃描報告，均存在上千個中風險以上弱點，修補速度顯待提升；另對未能即時修補之風險弱點，掃描結果報告未併同說明相關補償性控管措施及預計改善日期，不利資訊安全控管，均核與所訂「弱點掃描及滲透測試管理辦法」第 7 條：「安全弱點與漏洞改善：管理單位除應將執行弱點掃描及滲透測試之評估報告予以建檔，交由各系統管理人員進行改善作業外，並應追蹤至改善為止，無法即時修補之弱點，系統管理人員需回報管理權責單位無法修補之原因、相關補償措施與預計改善日期。」規定不符。

（二） 重要網路設備廠商發佈之漏洞，有未及時進行修補者，如：電子商務系統使用之負載平衡器 F5 具有中間人攻擊漏洞

（○○○），所執行弱點掃描報告亦有發現該等弱點，該漏洞已方令、106. 11. 18 發布修補程式（○○○），惟迄檢查日尚未修補完成；另網路交換器 Cisco Switch 3750 之韌體存有允許遠端攻擊者執行任意程式碼或阻斷服務攻擊，被歸類為嚴重等級之漏洞，該漏洞已方令、107.4.3 發布修補程序，惟迄檢查結束日止尚未執行 107 年第 2 季弱點掃描，以致尚未修補。

（三）檢查期間測試官網 www.cathaylife.com.tw 及員工入口網 w3.cathaylife.com.tw 之安全性，顯示該等網站主機存有加密強度不足之弱點，如：未停用已被公告為不安全之傳輸協定 TLS1.0，且攻擊者可執行機器人攻擊（ROBOT）以竊取傳輸中資料，不利系統安全。

三、 檢查意見三（三）辦理個責保護管控對外傳輸之資料，經查有下列欠妥事項，均卡利防範個資外洩，核有礙健全經營之虞：

（一）雖已利用 NDLP 閘道型資料外洩防護系統過濾外寄檔案，惟未將電子郵件地址納入偵測條件，另對不同個資組合已分別訂定一定門檻筆數以下個資郵件，僅記錄而不阻檔及審核，尚未建立對藉多次外寄低於門檻筆數個資之郵件，以規避現有防範個資外洩措施之監控機制。

（二）所建置 NDLP 僅設定利用網頁或電子郵件（http、https、network email）傳輸者，須經由 NDLP 檢核並留存紀錄，對防火牆已開放利用其他通訊埠對外傳輸內含個資檔案，尚未建立過濾或管控其適當性之機制。

四、 檢查意見四（三）第 2 點，業務人員使用之行動投保 APP，設計提供客戶於平板電腦上以電子簽名方式，作為投保確認依據，惟查於客戶簽名完成後，系統允許業務人員更改業經客戶確認之資料，包含地址、電話或電子郵件等，與保單寄送或辦理保單變更確認使用之重要資訊，管控設計有欠妥善，核有礙健全經營之虞。

《理由及法令依據》

保險法第 149 條第 1 項規定。

《筆者分析》

有關國泰人壽這個裁罰案，我們分以下四部分做討論：

（1）FTP 對很多公司來說，還是個很方便傳輸檔案的方式，雖然目前有雲端，但由於 FTP 還有其便利性，所以目前還是很多公司會用到 FTP，不過，最大缺點就是安全性不足的問題。

有關於這點的裁罰內容，公司 FTP 依規定是要放在 DMZ 區，就是所謂的非軍事區，國泰人壽卻把 FTP 放在其他地區，FTP 內的檔案就很容易暴露在資安風險之下，被外部任意入侵竄改，雖然有些公司會用防火牆進行規範，然而，依其公司本身的規定，該放在 DMZ 就一定得將 FTP 置放於 DMZ 區內，否則，就是違反規定。不過，在此建議，如果有其例外管理的需求，還是可以訂定例外管理，詳實說明例外管理之理由，免得受限於該規定。

《提示》：何謂 DMZ ？

所謂 DMZ，是 Demilitarized Zone 簡稱，也就是俗稱的「非軍事區」。設置這個區段的原因，主要是為了要讓內、外兩個網路之間，有個緩衝地帶，就如同現實世界中，瑞士是永久中立國的意思一樣，這個區域的建立，主要就是對外部網路不信任，但是又必須讓內部網路與外部網路溝通，因此，就會設立 DMZ 區。

（2）在本案其實提了很多弱點測試之後，公司未能在預計改善日期內修補漏洞，這部分就是公司管理上的問題，如果都是能修正而在期限內未修正，該處罰的還是應該接受處罰。

（3）上述事實及理由第二點的第（三）內，有提到傳輸協定 TLS1.0 因為安全性問題停用，這也是公司必須要注意的問題，也就是說公司資訊部門應隨時注意公告，並將公告放到官網上，以告知使用者注意。在此筆者節錄行政院原子能委員會的公告，給大家作個參考：

TLS 1.1（含）以下傳輸協定停用公告

更新時間：2021-05-03 15:55

本會官網自 110 年 5 月 21 日起停用 TLS 1.1（含）以下之傳輸加密協定

由於 TLS 1.0 及 TLS 1.1 已被證實具有安全風險，為確保網際網路連線機制的安全性，提升使用者之安全防護，本會網站於 110 年 5 月 21 日起停用 TLS 1.1（含）以下之傳輸加密協定，改用較為安全的 TLS 1.2（含）以上協定，造成您的不便，敬請見諒！

停用 TLS 1.0 及 TLS 1.1 後，若您使用的瀏覽器不支援 TLS 1.2，可能會看到「無法顯示此網頁」的錯誤畫面，建議升級瀏覽器版本。

目前最新版的主流瀏覽器皆支援 TLS 1.2（含）以上協定：

* Google Chrome 38 以上
* Google Android 5.0 以上內建瀏覽器
* Mozilla Firefox 27 以上版本
* Apple Desktop OS X 10.9 以上 Safari
* Apple Mobile iOS 5 以上 Safari
* Microsoft Edge
* Microsoft Internet Explorer 11

《提示》：何謂 TLS？

所謂傳輸層安全性協定 TLS，即 Transport Layer Security 的縮寫，是一種安全協定，目的是為網際網路通訊提供安全及資料完整性保障。

（4）就是該裁罰案的第四點，就是在客戶使用投保 APP 簽名之後，業務人員還可以回去修改經客戶確認的資料，這就是很明顯的缺失，不管是在法律上或在內控上，都是大缺失。我們應該要知道，已確認的合約，如果要修改，得經過客戶同意，並在修正處，經客戶確認無誤，在修改處簽名，否則，就得要廢止原合約，重擬新的合約，即使是 APP 也應該有此機制存在，不然，假設業務員去修改客戶轉帳金額、戶頭等等，那除了觸犯了刑法，也讓客戶權益受損，也違反了金管會一直對業務人員三令五申的規定，此為特別要注意之處。

《裁罰結果》

依保險法第 149 條第 1 項規定，予以糾正。

《總結》

1. FTP 伺服器需依規定置放。
2. 所有測試的修補，需在規定期限內完成，未能完成需說明理由，以及何時可以改善完畢。
3. 已公告知資安訊息，需在官網公告。
4. 有關於電子 APP 簽訂之合約，當雙方完成合約，就不能任意更改。

裁罰對象：三商美邦人壽保險（股）公司

裁罰日期：2019/09/11

裁罰標題

三商美邦人壽保險股份有限公司辦理保險業務，查有違反個人資料保護法、洗錢防制法及保險法相關規定，依個人資料保護法核處限期改正處分，並依保險法核處罰緩計新台幣330萬元整，以及予以12項糾正。

《裁罰內容有關資訊安全之違法事項》

金管會保險局裁罰內容：僅（四）、（十四）、（十九）、（二十）為資安相關事實：

（四）該公司防制洗錢單位人員陸續異動，影響防制洗錢工作有效進行，防制洗錢專責單位有待強化，核有礙健全經營之虞。

（十四）該公司辦理資訊資產及個人資料盤點作業，有未將資訊資產列冊控管及未妥善盤點資料備份儲存媒體等情事，核與「個人資料保護

法」第 27 條第 1 項及同條第 3 項授權訂定之「金融監督管理委員會指定非公務機關個人資料檔案安全維護辦法」第 11 條規定不符。

（十九）該公司對業務單位專屬之行動 APP，無帳號密碼即可下載瀏覽，不利個資安全保護，核與個人資料保護法第 27 條第 3 項授權訂定之「金融監督管理委員會指定非公務機關個人資料檔案安全維護辦法」第 12 條規定不符。

（二十）該公司業務員可將客戶個人資料儲存至非公司控管之雲端空間情事，核與「個人資料保護法」第 27 條第 3 項授權訂定之「金融監督管理委員會指定非公務機關個人資料檔案安全維護辦法」第 12 條規定不符。

有關上述的資安部分，在保險業公開資訊觀測站查詢其詳細的缺失內容如下：

四、 檢查意見一（二）4.，貴公司防制洗錢單位人員陸續異動，影響防制洗錢工作有效執行，且本次檢查亦發現防制洗錢多項檢查缺失，防制洗錢專責單位之功能有待強化，核有礙健全經營之虞，如：貴公司防制洗錢科成立於 106 年 5 月，成立時僅法遵長、科主管及承辦人員共 3 人，雖於 106 年 10 月委請外部顧問協助導入防制洗錢架構，並於 107 年 1 月增加成員 1 人，惟查法遵長於 107.6.30 離職，負責導入 AML/CFT 架構之主要人員亦於 107.8.3 離職，影響部門運作之穩定性。

十四、檢查意見二（十一）貴公司辦理資訊資產及個人資料盤點有下列欠妥情事，核與『個人資料保護法』第 27 條第 1 項及同條第 3 項授權訂定之『金融監督管理委員會指定非公務機關個人資料檔案安全維護辦法』第 11 條規定不符：

（一）資訊資產清冊僅涵蓋板橋機房及備援機房之資訊設備硬體清單，有未將總管理處資訊資產列冊控管情事，如：總管理處機房內 NAS 等資訊設備及機房上鎖櫃之磁碟、光碟、磁帶等備分儲存媒體未列入資訊資產清冊，不利資訊資產風險完整評估。

（二）資料備份儲存媒體之盤點及編號作業有欠妥情事，如：貴公司於 107.7.2 盤點總管理處機房之儲存媒體有 DAT160（9個）、DAT72（139 個）、DDS2（26 個）、DDS3（101 個）、DDS4（58 個）、DLT4（59 個）、LTO2（2 個）、LTO4（2 個）及 QG-112M（7 個）等磁帶，惟 107.7.19 檢查發現仍有漏未盤點之資料光碟（伺服器備份資料）14 片、LTO4 磁帶 12 個未列冊控管；另備份資料之磁帶或光碟外表皆相同，惟未有標籤對應盤點清冊，恐因造冊不清而增加資料外洩風險。

（三）個人資料盤點有未將存有個人資料之伺服器備份列冊控管情事，如：107.7.2 儲存媒體盤點有 DAT160 等不同規格磁帶及光碟，資料內容係存有個人資料之核心系統及應用系統之備份，惟未列入 106 年個資盤點清冊。

十九、 檢查意見三（七）2.，對業務單位專屬之行動 APP，無帳號密碼即可下載瀏覽，不利個資安全保護，核與個人資料保護法第 27 條第 3 項授權訂定之『金融監督管理委員會指定非公務機關個人資料檔案安全維護辦法』第 12 條規定不符，如：隸屬貴公司業務單位之 1729 制霸通訊處為提供該同仁便捷之 ipad 應用程式，委託 EZstock Limited Company 開發行動應用程式『三商美邦 1729 制霸通訊處』（iOS），經查該行動 APP 自 104.2.5 起已久未更新程式，其內部文件仍留有業務員照片及姓名等個資，另該 APP 屬該通訊處專用，惟該通訊處以外他人無須帳號密碼即可下載瀏覽精英團隊（業務員照片及姓名）、活動剪影（國外旅遊團體照片）等 4 項個資資料，不利個人資料之安全保護。另由通訊處自行委託廠商開發程式者，公司尚未列表控管，如：調閱公司委外程式及廠商清單，尚未將上開行動 APP 有關資料納入管理。

二十、 面請改善事項三（七），貴公司業務員可將客戶個人資料儲存至非公司控管知雲端空間情事，核與『個人資料保護法』第 27 條第 3 項授權訂定之『金融監督管理委員會指定非公務機關個人資料檔案安全維護辦法』第 12 條規定不符，如：行動投保之建議書模組，係提供業務員繕打客戶個人資料並預擬建議之保險商品，以為推介時之輔銷工具，經查公司為利業務員使用，有於建議書模組提供業務員上傳至業務員個人之 Google Drive 及 Drop Box 雲端空間情事，客戶資料有姓名、年齡及性別，雖未如行動投保之客戶個人資料詳盡，惟業務員對雲端空間之資安控管強度不及公司資安單位。

《理由及法令依據》

保險法第 149 條第 1 項規定。

《筆者分析》

本次裁罰案，我們就上述四點分別分析如下：

1. 有關第四點，有關洗錢防制單位人員陸續異動的問題，該公司因為主管陸續離職，造成洗錢防制後續維護人員真空，我們都了解像洗錢防制、資安、法遵等等單位，理論上是以『**穩定**』為主，公司如果要做內部輪調，這些職務也必須在制度內，做一定的流程控管，同時，單位在設立初期，就應該在公司的『**代理人制度**』裡，將第二、三順位的職務代理人先確認清楚，並訂定工作守則，以避免因為離職關係，造成單位內部真空，進而產生許多問題，例如，如果突然發生資安問題，如果相關單位沒人出面解決問題，勢必會造成公司資安大亂，損失可能就難以估計了。由於該案是**短期任職就離職**，這個問題，是否公司在制度上有值得探討之空間，就要由公司進行內部檢討了。

2. 有關第十四點個資的問題，大家可以看到該條所提的『**個人資料保護法第 27 條第 1 項**』規定，條文如下：

   第 27 條

   非公務機關保有個人資料檔案者，應採行適當之安全措施，防止個人資料被竊取、竄改、毀損、滅失或洩漏。

以及『**金融監督管理委員會指定非公務機關個人資料檔案安全維護辦法第 11 條**』規定，條文如下：

第 11 條

非公務機關保有之個人資料存在於紙本、磁碟、磁帶、光碟片、微縮片、積體電路晶片、電腦、自動化機器設備或其他媒介物者，應採取下列設備安全管理措施：

一、實施適宜之存取管制。
二、訂定妥善保管媒介物之方式。
三、依媒介物之特性及其環境，建置適當之保護設備或技術。

上述兩條法令簡言之，就是強調非公務機關保有個人資料檔案者，都要採取適當的保護措施，其中很重要的就是**個人資料的盤點**，在此，筆者提供經濟部個人資料保護作業手冊 109 年 4 月版網址給讀者做個參考，網址如下：

https://www.moea.gov.tw/MNS/colr/content/SubMenu.aspx?menu_id=7783

頁面如下：

在此，筆者將其填表範例列出來給大家參考，主要是要強調，對於個資的盤點，我們**基本上無法保證每次個資盤點都正確**（畢竟個資是會不斷的建立，盤點時的內容跟新增內容有時會無法對應），所以每次進行個資盤點，就是要對於**其盤虧或者盤盈的單位、設備或者公司職員資料等等，進行檢討**，是否在盤點流程上需要再強化，經由反覆的詢問，直到資料與流程無誤為止。另外一點，就是**個資盤點要具有『持續性及彈性』**，通常在初期，我們會強化個資盤點次數，藉以提升正確性，等到正確性提高之後，再減低盤點的密集度，但是，如果發現問題，就應馬上增加盤點次數，在此強調，有效的個資盤點是很重要的資安維護的方法之一，盤點錯誤越低，代表公司越能有效掌握個資，也代表公司的資安保護越強。

個資盤點表 - 填寫範例

主要業務、職掌	細部作業名稱	個人資料檔案名稱	主管單位	保有單位	檔案形態	保有依據	是否需告知	特定目的	個人資料類別	§17 對外公告
○○○業務之規劃、推動與輔導	○○○活動報名作業	○○○活動報名表	經濟部○○司	○○科	■紙本類 □電子類 □電子檔-可攜式媒體 □系統資料庫	○○法、○○要點	■Y □N	一○一國家經濟發展業務	C○○一辨識個人者、C○○三政府資料中之辨識者。	■Y □N

資料來源	內部傳送	外部傳送	委外	個人資料項目	特種個人資料	保管方式	保存期限	銷毀方式	備註	單位名稱
當事人自行提供	經濟部○○處	內政部○○司	○○行銷公司	■姓名 □生日 ■身分證號 □護照號碼 □特徵 □指紋 □婚姻 □家庭 □教育 □職業 ■聯絡方式 □財務情況 □社會活動 □其他:_____	■無 □病歷 □醫療 □基因 □性生活 □健康檢查 □犯罪前科	放置於辦公室檔案櫃並上鎖	■法定保存期限:○○**法:○年** ■自訂保存期限:**檔案保存年限基準表:○年**	保存期限屆滿後由○○司統一辦理銷毀作業	N/A	○○科

3. 有關於第十九點，有關於委外的 APP，在開發完畢後，就沒有進行管控，所以造成 APP 上面的資料，無須帳號跟密碼就可以下載。這部分就很清楚的證明上述 2 的盤點問題，如果在清冊內，有委外的 APP、程式、硬體或網頁等等，我們就應在盤點時，進入這些清冊名單內的網頁、伺服器或 APP 等，進行檢視，檢視後進行分類，如果有需要就保留，並加強控管，如果不需要則刪除該項資料及程式。另外，有些網頁連結，如果長期不注意，容易造成被修改內容或者導向不該連結的網址，這對公司來說，是個很致命的傷害，不可不注意。

以下提供一個『網際網路檔案館』（**https://archive.org/**） 給大家參考，該網站具有時光回溯器的功能，可針對網頁進行回溯，列出其有效及失效期間，在預防網頁失效連結的分析上，有其一定的便利性。

4. 有關裁罰內容第二十點的問題，就是在於員工個人的雲端控管問題，因為公司提供業務員輸入資料之用的的模組，但員工可以將資料存放到個人的雲端空間內，針對此部分，其實不容易防止，畢竟現在手機或平板都很方便，只要透過照相的方式，基本上，客戶的個資都能很容易的截取下來，尤其業務員在外面跑業務，很難進行控管，公司更不可能控管

到業務員個人手機，於此，只能透過法治教育，讓業務員了解客戶個資保密的重要性及洩漏的嚴重性，否則再多限制也只是流於形式。

《裁罰結果》

1. 上述事實四，缺失事實明確，依保險法第 149 條第 1 項規定，予以糾正。
2. 上述事實十四，違規事實明確，依個人資料保護法第 48 條第 4 款規定，核處限期 1 個月內改正。
3. 上述事實十九，違規事實明確，依個人資料保護法第 48 條第 4 款規定，核處限期 1 個月內改正。
4. 上述事實二十，違規事實明確，依個人資料保護法第 48 條第 4 款規定，核處限期 1 個月內改正。

《總結》

1. 洗錢防制單位應維持人員的穩定性，並建立有效的代理人制度。
2. 個人資料盤點需確實，並需強化其正確性，且盤點需具有持續性以及彈性。
3. 需注意公司久未使用之網頁、APP、雲端等等，定期盤點並檢視。
4. 由於外勤人取得客戶個資，並上傳至個人雲端，由於控管不易，建議還需強化法治教育。

17

裁罰對象：合作金庫人壽保險（股）公司

裁罰日期：2019/08/30

裁罰標題

合作金庫人壽保險股份有限公司辦理保險業務，查有違反保險法相關規定，依保險法第 149 條第 1 項規定予以 7 項糾正之處分。

《裁罰內容有關資訊安全之違法事項》

金管會保險局裁罰內容：

（一）該公司有未依所訂『硬體及系統軟體之購置、使用及維護之控制作業手冊』規定辦理弱點掃描作業及追蹤修補作業，核有礙健全經營之虞。

（二）該公司部分伺服器最高權限帳號管理及內部規範針對不同分類之帳號管理完整性有欠妥適，核有礙健全經營之虞。

（三）該公司電子商務系統及 XO 壽險核心系統相關伺服器主機安全設定作業，對留存相關稽核紀錄及使用者帳號管理，內部作業未盡完善，核有礙健全經營之虞。

（四）該公司資料庫存取授權未符合最小授權原則，核有礙健全經營之虞。

（五）該公司對存放客戶個資檔案之共用檔案伺服器，檔案可讀取設定欠妥適，核有礙健全經營之虞。

（六）該公司辦理資料異動相關作業，作業程序有欠妥適，核有礙健全經營之虞。

（七）該公司行動裝置應用程式未建立可信任憑證清單及驗證完整憑證鍊，亦未建置偵測行動裝置之機制，核有礙健全經營之虞。

有關上述的資安部分，在保險業公開資訊觀測站查詢其詳細的缺失內容如下：

一、 檢查意見二、（三），貴公司所訂『硬體及系統軟體之購置、使用及維護之控制作業手冊』規定『1. 屬高風險弱點一個月完成。2. 屬中風險網路及網頁滲透測試弱點掃描於三個月內完成。』，惟查有未落實依內規辦理者，如：依委託 APAC 每月辦理對外網路之弱點掃描作業追蹤紀錄表，有編號 150161、150162、150022 及 150124 等分別於 106.11-107.4 發現之中風險弱點均已逾 3 個月，惟迄 107 年 10 月仍未修補；107 年 1 月發現發現伺服器之 1 項高風險弱點（IBM WebSphere Java Object Deserialization RCE）迄 107.6 始完成改善，不利電腦系統安全，核有礙健全經營之虞。

二、 檢查意見二、（五），貴公司部分伺服器最高權限帳號有未收回納管之情形，如：合庫人壽官方網站系統、電銷系統（Telemaster）、IT 需求單號處理系統（ITRMS）等，與所訂『資訊資產保護注意事項』中

『…最高權限密碼函應指定專人負責製作，彌封緊急密碼函中寶管，並保管於上鎖設備裏。』，核有礙健全經營之虞。

三、 檢查意見二、（六）貴公司電子商務系統及 XO 壽險核心系統相關伺服器主機安全設定作業，有下列事項欠妥，核有礙健全經營之虞，如：

（一）部分伺服器各項稽核原則均設定為『沒有稽核』，致未留存相關稽核紀錄，不利系統安全，如：電子商務系統 WEB、OTP、DB 主機及 XO 壽險核心系統資料庫主機等。

（二）未設定最小密碼長度及不得與前幾次密碼相同，與所訂『密碼設定、傳遞與變更原則』中『密碼長度至少 6 碼，不得與前 3 次相同。』規定不符，如：電子商務系統 OTP、DB 主機及 XO 壽險核心系統資料庫主機。

（三）帳號密碼設定為永久有效，與所訂『資料安全管理規範』中『使用者須經常更改密碼（以最少每三個月更改一次為原則，最長不宜超過六個月）』規定不符，如：電子商務系統 WEB 主機、OTP 主機及 DB 主機帳號等。

（四）有使用者帳號已無業務需求仍未刪除或設定多餘之本機登入功能，易致增加作業風險者，如：電子商務系統 WEB 主機帳號 pwsadmin（僅為排程指定帳號以控管執行時權限）及 PWS_FTP（僅供 FTP 傳擋用）無須本機登入功能；電子商務 OTP 主機帳號 OTPAdmin 無人使用；電子商務 OTP 主機帳號 OTPAdmim 無人使用；電子商務 AP 主機帳號 apdebuguser1 無人使用、

pwsadmin（僅為排程指定帳號以控管執行時權限）無需本機登入功能；XO 壽險核心系統資料庫帳號 ALVIN，VOICE、SPOTLIGT 等無使用者。

（五）電子商務及 XO 壽險核心等系統相關主機中具管理者權限之帳號 tcbit，為系統開發及硬體維護之經辦人員共用，辦理日常維護作業，除違反最小授權原則，且與所訂『系統帳號及權限管理作業手冊』中『禁止使用通用帳號，每一個帳號都必須對應到一位指定人員』規定不符。

四、 檢查意見二、（七）貴公司 Oracle 資料庫參數設定，有資料庫存取授權未符合最小授權原則，不利資訊安全，核有礙健全經營之虞，如：壽險核心系統資料庫（TPES075TP002 及 TPES075TP027）資料庫管理員日常登入使用帳號（TCB_HANKHUANG）擁有 EXP_FULL_DATABASE（匯出資料庫）、IMP_FULL_DATABASE（匯入資料庫）等高權限；電子商務資料庫（TPES075TP028）資料庫管理員日常登入係使用系統最高權限帳號 SYS；對非資料庫管理員之使用者帳號 TCB_GEORGECHANGCHEN 授予 XO 壽險核心系統資料庫（TPES075TP002 及 TPES075TP027）及電子商務資料庫（TPES075TP028）最高權限等。

五、 檢查意見三、（一）貴公司對存放客戶個資檔案之共用檔案伺服器，有將存有客戶個資（包含姓名及身分證字號，且有財務或聯絡資料等欄位）之檔案，設定為全部網域使用者代號均可讀取之情形，如：\sms\JV TA_PEPList_20170605、\xo\Personal\Share\All\TM\201803\812\Tmr_daily_data_detail 及 \joda_ftps\FromPMC\KHT\Rita\Offshore_ income_data_main 等，且未設計留存對共用檔案伺服器之存取稽核軌跡，不利個資安全，核有礙健全經營之虞。

六、 檢查意見四、（二）貴公司辦理資料異動相關作業，有下列事項欠妥，核有礙健全經營之虞，如：

（一）貴公司所訂『資料處理作業程序』僅規範『資料進行變更，須建立控管程序並經權責主管授權核准後方可執行，資料變更前視需要適度備份，應留有變更紀錄或軌跡，並檢視異常狀況進行追蹤與矯正，以確保資料的正確性與完整性。』，未明定相關權責分工、測試程序、必要檢附檔案文件、留存軌跡及覆核機制等事項，不利作業遵循。

（二）貴公司辦理資料異動係系統維護人員輸入正式環境帳號及密碼後，交由程式人員進行後續資料異動，不符分工牽制原則。

（三）貴公司辦理資料異動係以人工方式啟動側錄工具，對操作行為進行側錄，致有側錄缺漏、資料異動留存軌跡不完整之情形，如：依 ITRMS 需求管理系統查詢統計 107 年 1 月至 10 月，約有完成 450 筆資料異動需求單，惟系統僅留存 23 筆側錄資料，有缺漏之情形。

（四）貴公司資料庫稽核軌跡留存不完整，如：有權限異動核心資料庫之帳號未納入監控範圍；107.2.9 至 107.11.16 稽核軌跡異常，無帳號維護監控紀錄；另未產生相關管控報表供主管覆核。

七、 檢查意見四、（四）貴公司網路投保系統、網路保險服務系統及『合作金庫人壽』行動裝置應用程式之功能及安全性設計，有下列事項欠妥，核有礙健全經營之虞，如：『合作金庫人壽』行動裝置應用程式未建立可信任憑證清單及驗證完整憑證鏈，亦未建置偵測行動裝置疑似遭破解（root 或 jail-break），並提示使用者系統遭破解可能面臨風險之功能，安全性欠妥。

《理由及法令依據》

保險法第 149 條第 1 項規定。

《筆者分析》

就上述的裁罰內容，很多都有在前面重覆出現，所以大家也一定要注意看裁罰內容，畢竟，這是這兩年多以來金管會所注重的重點，不可不慎。

本案裁罰內容，大部分在其他的案例當中都有提及，因此，筆者針對兩個部分，做個簡單的說明。首先是最小授權原則，

> ### 《提示》：何謂『最小授權原則』？
>
> 所謂最小授權原則，就是給存取人員最低限度的權限。避免因為權限過大，而在發生資安問題時，無法有效控管，而且也能方便稽核及簡化流程。

該案是在上述第四點內容所提的，資料庫存取未符合最小授權原則。通常我們在資料庫管理上，為了避免未經授權的人進入資料庫存取不該存取的資料，所以會把員工的權限限縮在一定的規定內，以避免因為門戶大開，而造成資料外洩。此外，我們也因為有設權限，當伺服器遭受外部攻擊時，能將損害控制在最低特定範圍內，這是一個我們不管在資料庫管理，或者一般的資安管理，都會遵循的一個基本原則，然而，卻有不少公司還是經常略了此點。

其次是在事實及理由的第七點有提到未建立驗證完整的『憑證鏈』，

《提示》：何謂『憑證鏈』？

指是一連串的數位憑證，由根憑證為起點，透過層層信任，使終端實體憑證的持有者可以獲得轉授的信任，以證明身分。基於資訊安全的考慮，在進行電子商務或使用政府服務時，交易的另一方用戶，以根憑證為基礎，憑藉對簽發機構的信任，相信當時持有信任鏈終端的憑證持有者確為其人，並透過公開金鑰加密確保通訊保密、透過數位簽章確保內容無誤、以及保證雙方的資料皆正確無誤。

該裁罰內容主要是指，有些使用者，在自己的手機系統上使用越獄程式之後，裝載了合作金庫人壽的一些 APP 使用，因為使用者系統已經破解，所以 APP 就毫無任何安全性可言，例如，當 APP 想升級到新版時候，可能因為系統是越獄之後的舊系統而無法更新，在這個狀況下，APP 只能使用舊版，而無法修補 APP 的漏洞，就算 APP 可升級至新版，但因為系統本身還是維持舊版的狀況，也可能因此會影響到更新後 APP 的安全性及內容，讓

APP 處於不安全的情況。因此，在此情形下，使用憑證鏈的方式，主要也是為了防止以上的這些狀況發生，同時，也藉由憑證鏈，如果發生資安問題時，可以重新檢視流程，提出修補或更正，以免問題擴散。

《裁罰結果》

上述各項事實，缺失事實明確，依保險法第 149 條第 1 項規定，予以糾正。

《總結》

1. 『最小授權原則』是給存取人員最低限度的權限，避免存取權限過大，影響到資安。
2. 使用『憑證鏈』的方式，避免因程式或系統的破解，而無法有效的做到安全性確認。同時，也保護 APP、程式、網頁等等的安全性及信任度。

裁罰對象：英屬百慕達商友邦人壽保險（股）台灣分公司

裁罰日期：2019/08/16

裁罰標題

英屬百慕達商友邦人壽保險股份有限公司台灣分公司辦理保險業務時，違反保險法及金融消費者保護法相關規定，依保險法第 171 條之 1 第 4 項、第 5 項、第 149 條第 1 項及金融消費者保護法第 30 條之 1 第 1 項第 2 款、第 3 款等規定，核處罰緩新台幣 240 萬元整及予以 5 項糾正之處分。

《裁罰內容有關資訊安全之違法事項》

金管會保險局裁罰內容：

（一）委託其他公司辦理網路整合行銷活動參加者之個人資料蒐集作業，有對個人資料事項有未落實辦理查核，致發現受託者有違反複委託禁止約定，而未將複委託之對象納入監督、未定期確任委託者「個人資料之風險評估及管理機制」執行之狀況，並將確認結果記錄等情事，核有礙健全經營之虞。

有關上述的資安部分，在保險業公開資訊觀測站查詢其詳細的缺失內容如下：

一、 檢查意見一，貴分公司於 105.8 及 106.10 與聯○（股）公司（以下稱聯○）簽訂網路整合行銷年度委任合約書，合約內容包含委託聯○進行網路活動相關之網站製作及網頁內容設計，對案關保險商品有興趣之客戶可透過網頁填寫姓名及聯絡電話等基本資料，填寫完妥後之客戶資料係存放於聯○資料庫，該客戶資料處理流程已符合委託他人蒐集個人資料之要件，惟經查貴分公司委託聯○辦理網路個人資料蒐集作業，有下列欠妥情事，核有礙健全經營之虞：

（一） 對個人資料事項有未落實辦理查核，致未發現受託者有違反複委託禁止約定，而未將複委託之對象納入監督者，如：

　　1. 101.1.1 聯○與光○有限公司（以下簡稱光○）簽定資訊系統服務合約，服務內容包括網站代管，提供網站所需相關伺服器主機、機房、頻寬及每日網站相關資訊備份、備援等日常維運工作，且聯○資料庫系統最高權限使用者蕭○○為光貿之負責人，致聯○有將網站代管複委託光○之情事，核與 106.10 之網路整合行銷年度委任合約書第 16 條『除本合約或甲乙雙方另有約定外，乙方不得複委託他人代為處理本合約書定之委外事項』約定不符。

　　2. 另貴分公司於 106 年就聯○提供之使用者權限檢查紀錄表等資料辦理書面查核時，對授權使用人蕭○○留存之電子郵件網域名稱與聯○之電子郵件網域名稱不同，貴分公

司為查明原因，致未發現聯〇有將網站代管複委託〇之情事，而未將光〇納入查核對象，不利個人資料之風險控管。

（二）有未確實依『個人資料保護法實施細則』第 8 條第 2 項及第 12 條第 2 項第 3 款規定，定期確任受託者『個人資料之風險評估及管理機制』執行之狀況，並將確任結果記錄之情事，如：聯〇資料庫系統最高權限使用者為蕭〇〇（光〇之負責人），惟貴分公司上為將聯〇資料庫系統最高權限使用者之申請、使用、牽制及事後覆核或監控機制等個人資料之管理機制納入監督，並為個人資料之相關風險評估，以確任其所採安全維護措施是否適宜。

《理由及法令依據》

保險法第 149 條第 1 項規定。

《筆者分析》

本案比較特殊之處是在於『**複委託**』，意思就是**委外的公司，在把某些業務委託給另一家公司協助處理部分業務**，但是合約上卻沒有把複委託的公司納入監管，變成資安上的一個『**複委託的漏洞**』。

複委託比較像金融證券業在說的用語，簡單說，就是**外包的外包**，有些資訊公司的確有如此做法，例如有些公司接案後，維護人員並非委託公司的員工，有的只是接案，之後發包，但發包的單位或雇員沒有列管，也有可

能每次的維修人員都不同，因此就變得很難管理，尤其是金融業更是如此，所以在雙方訂定合約時，應詢問清楚，是否有包商的情況，如果有就要請簽約公司提供維修人員資料，並且訂立保密協定，且當包商人員到公司服務時，都要仔細核對身分資料，以免不必要的人員進入公司。

另外，就是如果是主機代管，也要請包商提供代管的單位資料，並派稽核或風控人員到廠實地查核，並做成資料留存，並評估風險，如果在風險評估後，認為不適宜者，也可要求包商立即更新廠商，如果無法配合，可考慮換新的廠商。

《裁罰結果》

依保險法第 149 條第 1 項規定，予以糾正。

《總結》

1. 關於複委託，應與委託之外包廠商在簽約時，確任是否有**再轉包**給下游廠商，要確實掌握下游廠商的名單，以免因疏忽，而造成資安上的漏洞。

19

裁罰對象：富邦人壽保險（股）公司

裁罰日期：2019/08/13

> **裁罰標題**
>
> 富邦人壽保險股份有限公司辦理保險業務時，違反保險法相關規定，依保險法第 171 條之 1 第 4 項及第 149 條第 1 項規定，核處罰鍰新台幣 120 萬元整及予以 3 項糾正之處分。

《裁罰內容有關資訊安全之違法事項》

金管會保險局裁罰內容：

（一）該公司網路 e 方便資料庫，未依內部規範將要保人之信用卡號、有效期限加密儲存，核與保險法第 148 條之 3 第 1 項授權訂定之「保險業內部控制及稽核制度實施辦法」第 6 條第 1 項第 13 款規定不符。

（二）公司辦理應用系統開發、維護、安全檢測作業有欠妥適，漏洞風險評估及修補作業欠確實，核有礙健全經營之虞。

（三）公司辦理資料異動相關作業，對於有權登入資料庫變更資料者，因作業處理不當，致未傳送資料庫存取紀錄日報表供主管及相關人員覆核，核有礙健全經營之虞。

（四）該公司行動應用程式 APP 及網路投保系統之安全設計有欠妥適，核有礙健全經營之虞。

（五）該公司應用程式密碼安全性設計，有未依所訂內部規範設計之情事，核與保險法第 148 條之 3 第 1 項授權訂定之「保險業內部控制及稽核制度實施辦法」第 6 條第 1 項第 13 款規定不符。

有關上述的資安部分，在保險業公開資訊觀測站查詢其詳細的缺失內容如下：

一、 檢查意見三（四），公司網路 e 方便資料庫中，存放要保人支信用卡號、有效期限等，皆以明碼儲存，與所訂『電子商務資訊安全控管作業規範』第 4 條『信用卡號及有效年月應加密處理後使可以儲存。』規定不符，核與保險法第 148 條之 3 第 1 項授權訂定之『保險業務內部控制及稽核制度實施辦法』第 6 條第 1 項第 13 款規定不符。

二、 檢查意見四（一），公司辦理應用系統開發、維護、安全檢測作業有欠妥適，核有礙健全經營之虞，如：需求單＃ 201703 ＊＊＊＊＊－16 辦理程式上線所檢附之 SQL Injection 檢測報告中載明有 Cross-Frame Scripting 中風險，經辦人員逕援引內規，以『Web 系統未啟用 SSL 加密連線，且屬於內部服務系統，不需修復此弱點』為由不予修補，惟查該風險與是否啟用 SSL 加密連線無關，漏洞風險評估及修補作業欠確實，不利程式安全。

三、 檢查意見四（二），公司辦理資料異動相關作業，對於有權登入資料庫變更資料者，雖設有電子郵件傳送『資料庫存取紀錄日報表』進

行監控覆核，惟因作業處理不當，致資料庫系統存取紀錄日報表程式發生錯誤，自 106.7.23 起即未再以電子郵件傳送保權變更系統等 14 個資料庫之『資料庫存取紀錄日報表』供主管及相關人員覆核，遲至檢查日（107.10.23）始發現此情形，覆核作業有欠確實，核有礙健全經營之虞。

四、 檢查意見四（四），貴公司『手機 e 方便』行動應用程式 APP 及網路投保系統之安全設計，有欠妥適，核有礙健全經營之虞，如：『手機 e 方便』行動應用程式 APP 未建立可信任憑證清單及驗證完整憑證鏈，且未具有偵測行動裝置疑似遭破解之功能，並提示使用者系統遭破解可能面臨之風險，安全性欠佳。

五、 檢查意見四（五），貴公司應用程式密碼安全性設計，有下列事項欠妥，核與保險法第 148 條之 3 第 1 項授權訂定之『保險業內部控制及稽核制度實施辦法』第 6 條第 1 項第 13 款不符：

（一）有未依所訂『安控檢核表規範』之『密碼設定為不可與前三代重覆』設計者，如：『手機 e 方便』行動應用程式 APP、網路 e 方便及網路投保系統等。

（二）有未依所訂『安控檢核表規範』之『密碼不允許為易猜資訊，如相同文數字連續達四次（含）以上』設計者，如：『手機 e 方便』行動應用程式 APP、網路 e 方便、團體保險及網路投保系統。

（三）未設定密碼有效期限者，如：網路投保系統會員密碼。

《理由及法令依據》

一、 上述事實一，違規事實明確，核與保險法第 148 條之 3 第 1 項授權訂定之『保險業內部控制及稽核制度實施辦法』第 6 條第 1 項第 13 款規定不符。

二、 上述事實二，違失事實明確，核有礙健全經營之虞。

三、 上述事實三，違失事實明確，核有礙健全經營之虞。

四、 上述事實四，違失事實明確，核有礙健全經營之虞。

五、 上述事實五，違規事項明確，核與保險法第 148 條之 3 第一項授權訂定之『保險業內部控制及稽核制度實施辦法』第 6 條第 1 項第 13 款規定不符。

以下為 148-3 條第一項規定：

第 148-3 條

保險業應建立內部控制及稽核制度；其辦法，由主管機關定之。

《筆者分析》

富邦人壽這個案子，主要說明兩個重點，首先，違規事實二，有提到所謂的注入測試（injection）。

《提示》：何謂『注入測試』？

即在輸入查詢資料的欄位，進行干擾動作，讓查詢的結果產生錯誤，藉以檢視欄位輸入時，是否有容易被攻擊的地方。通常用於 SQL 資料庫檢視，測試人員必須列出所有 SQL 查詢輸入欄位的列表，其中包括 POST 請求的隱藏欄位，然後分別進行測試，試圖干擾查詢並產生錯誤。測試的同時，也要考慮 HTTP 和 Cookies 是否有安全性的限制。

該事實在注入測試之後，以內規為由，不予修補，這個問題，常常會出現在企業內部，當然，以部門的想法，如果不具有急迫性，通常會以某些理由塘塞過去，為了防止這個問題，所以必須要有**第三方專業**的覆核人員進行覆核，這也就一般我們常見的：承辦、審核、覆核到最後的稽核的機制，前三項通常都是由內部人執行，因為內部人觀點通常會受限於部門內部的思考模式，所以才需要由不相干的第三方做最後的覆核，此為該案的問題之一。

其次，在違規事實三裡面，也明確的點出『雖設有電子郵件傳送『資料庫存取紀錄日報表』進行**監控覆核**，惟因作業處理不當，致資料庫系統存取紀錄日報表程式發生錯誤』，這也再次點出，公司有必要修正公司的覆核的流程，如果不進行討論，這些錯誤，可能會在其他地方重複出現，屆時一定會漏洞百出，反而影響到資訊安全的落實。

《裁罰結果》

一、 依保險法第 171 條之 1 第 4 項規定核處 60 萬元之罰鍰。

二、 予以糾正。

三、 予以糾正。

四、 予以糾正。

五、 依保險法第 171 條之 1 第 4 項規定核處 60 萬元之罰鍰。

以下為保險法第 171 條之 1 第 4 項規定：

第 171-1 條

保險業違反第一百四十八條之三第一項規定，未建立或未執行內部控制或稽核制度，處新臺幣六十萬元以上一千二百萬元以下罰鍰。

《總結》

1. 需由專業第三方協助公司做覆核，尤其在各種外部測試之後，為強化風險控管，專業的覆核機制是不可缺的要素。
2. 覆核流程若產生漏洞，須要檢討流程，並做出修正。

裁罰對象：保誠人壽保險（股）公司

裁罰日期：2019/08/13

裁罰標題

保誠人壽保險股份有限公司辦理保險業務，查有違反洗錢防制法、個人資料保護法及保險法相關規定，依洗錢防制法第 149 條第 1 項規定，予以 7 項糾正及依個人資料保護法第 48 條第 4 款規定，核處限期 1 個月內改正處分。

《裁罰內容有關資訊安全之違法事項》

金管會保險局裁罰內容：

（八）該公司僅就『高』以上風險等級系統弱點評估是否有修補必要，對其他風險等級弱點則未有相關控管機制，核有礙健全經營之虞。

（九）該公司現行對含個資之電子郵件外寄管理有疏漏之情事，核有礙健全經營之虞。

（十）該公司尚未對電子商務服務系統之外部網路入侵及非法或異常使用行為所致之個資外洩情境，研擬演練計畫進行演練及檢討改善，核與個人資料保護法第 27 條第 3 項授權訂定之『金融監督管理委員會指定非公務機關個人資料檔案安全維護辦法』第 10 條第 3 項規定不符。

有關上述的資安部分，在保險業公開資訊觀測站查詢其詳細的缺失內容如下：

八、 檢查意見四（四），對源碼檢測、弱點掃描及滲透測試等發現之漏洞修補及追蹤處理，未訂有明確作業規範，且僅就『高』以上風險等級系統弱點評估是否有修補必要，對其他風險等級弱點則未有相關控管機制，核有礙健全經營之虞，如：105 年資安評估報告弱點掃描有 63 個中風險弱點、106 年資安評估報告伺服器等弱點掃描有 28 個中風險弱點及端末設備內部弱點掃描有 13 個中風險弱點及網站滲透測試有 3 個中風險弱點。

九、 檢查意見四（五）4，公司線上保險服務（e-service）可提供投資標的轉換及保單借款之服務，惟尚未對電子商務服務系統之外部網路入侵及非法或異常使用行為所致之個資外洩情境，研擬演練計畫進行演練及檢討改善，經查違反個人資料保護法第 27 條第 3 項授權訂定之『金融監督管理委員會指定非公務機關個人資料檔案安全維護辦法』第 10 條第 3 項規定。

十、 檢查意見四（五），公司對作業系統之管理，經查有下列欠妥事項，如：公司辦理個人資料安全維護作業，雖建置電子郵件稽核系統，管理對外寄送含個資之電子郵件，並已對包含身分證字號、信用卡卡號、姓名＋手機號碼、姓名＋地址及姓名＋手機等一定筆數以上個資組合之電子郵件進行過濾組擋，惟對未達前揭過濾條建或無法判讀之加密檔、圖檔等，則未加以檢核或採取其他補強措施，均逕予以外寄，管控有欠周延。

《理由及法令依據》

一、上述事實八，違失事實明確，核有礙健全經營之虞，違反保險法第 149 條第 1 項規定。

二、上述事實九，違規事實明確，依個人資料保護法第 48 條第 4 款規定。

三、上述事實十，違失事實明確，核有礙健全經營之虞，違反保險法第 149 條第 1 項。

《筆者分析》

保誠人壽的案例，主要要說明第十項缺失，有關『電子郵件稽核系統』，此系統的建置，主要是針『對外』寄送的電子郵件，做出適當的個資及保密的控管。

《提示》：何謂『電子郵件稽核系統』？

郵件稽核流程，主要依據各部門內控流程，定義出所需的審核處理模式，當偵測到沒有符合規定的郵件外寄時，系統會立即採取必要的措施，例如：**退信、加密或留置等。待主管審閱後再予以放行或停止郵件的寄送。** 但過**於寬鬆或是不精確**的內控規定，可能會導致過多的假警報，也就是可疑程度很低的稽核郵件頻繁的通知，反而使得管理者疲於奔命，出現效率低落的狀況。

該項被列出的七項稽核原則，其實也是一般公司應該要注意的地方，整理如下：

（1）身分證字號

（2）信用卡卡號

（3）姓名＋手機號碼

（4）姓名＋地址

（5）姓名＋手機

（6）加密檔

（7）圖檔

當然，有關於個資法對個資的定義，還是要參酌個資法第 2 條對於個資的定義，然後在依部門實際狀況，予以制定制度，並過濾電子郵件。

《裁罰結果》

一、上述事實八，依保險法 149 條第 1 項規定，予以糾正。

二、上述事實九，依個人資料保護法第 48 條第 4 款規定，核處限期 1 個月內改正處分。

第 48 條

非公務機關有下列情事之一者，由中央目的事業主管機關或直轄市、縣（市）政府限期改正，屆期未改正者，按次處新臺幣二萬元以上二十萬元以下罰鍰：

四、**違反第二十七條第一項或未依第二項**訂定個人資料檔案安全維護計畫或業務終止後個人資料處理方法。

第 27 條第一項及第二項規定：

第 27 條

非公務機關保有個人資料檔案者，應採行適當之安全措施，防止個人資料被竊取、竄改、毀損、滅失或洩漏。

中央目的事業主管機關得指定非公務機關訂定個人資料檔案安全維護計畫或業務終止後個人資料處理方法。

三、上述事實十，依保險法 149 條第 1 項規定，予以糾正。

《總結》

1. 電子郵件稽核系統，需依據各部門內控流程，定義出所需的審核處理模式，當偵測到沒有符合規定的郵件外寄時，系統會立即採取必要的措施，例如：退信、加密或留置。待主管審閱後再予以放行或停止郵件的寄送。
2. 避免過於寬鬆或不精確的內控規定，造成組織內部疲於奔命。

第 3 篇
《銀行局篇》

銀行局簡介：

主要是中華民國銀行業、信託業、信用卡、電子票證發行機構與電子支付機構及金融控股公司的主管機關。目前共分為六個組來負責相關業務：

一、 法規制度組：健全金融監理法制、兩岸金融往來、風險管理及市場揭露規範、防制金融詐騙。

二、 本國銀行組：本國銀行及周邊單位之監理、銀行設立分支機構相關法規、金融電子業務及專案業務。

三、 信用合作社組：消費者保護政策、存款保險、信用合作社及其改制銀行之監理。

四、 信託票券組：票券業務之監理、信託及證券化業務之監理、信用卡、電子票證、電子支付、債務協商。

五、 外國銀行組：外國銀行、大陸銀行之監理、OBU 條例及衍生性金融商品業務等法規、國際金融監理交流。

六、 金融控股公司組：金融控股公司及其子公司之監理、金融控股公司投資管理及負責人資格條件辦法等相關法規。

-- 以上資料來源為銀行局首頁之業務職掌 --

銀行局主要資安裁罰對象：

1. 金融控股公司
2. 國內外銀行
3. 信用合作社
4. 電子支付公司

本章收錄之銀行局資安裁罰案件，共收錄了 **4** 篇：國內銀行 2 篇、外國銀行 1 篇、金融資訊公司 1 篇。

《提示》：何謂金融控股公司？

所謂金融控股公司即透過一家控股（即控制股權，當持股達到一定比例，可因股權較大而監管各個相關業務之公司）公司，來進行各種金融業務的跨業整合，大部分金融控股公司旗下皆有包含，銀行、證券、期貨、投顧、信託、保險、企金、個金等等業務，統一由控股公司來進行管理即控制，以期達到金融業務整合的目標。

裁罰對象：花旗（台灣）商業銀行 （股）公司、星展（台 灣）商業銀行

裁罰日期：2021/05/13

花旗銀行裁罰標題

本會對花旗（台灣）商業銀行辦理「貿易金融之防制洗錢、打擊資恐及反資助武器擴散」專案檢查報告（編號：108B070）及一般業務檢查報告（編號：109B014）所列防制洗錢及打擊資恐相關缺失，核有違反銀行法第 45 條之 1 第 1 項規定，依同法第 129 條第 7 款規定，核處新臺幣 1,000 萬元罰鍰。

星展銀行裁罰標題

本會對星展（台灣）商業銀行辦理一般業務檢查報告（編號：107B069）所列防制洗錢及打擊資恐相關缺失，核有違反銀行法第 45 條之 1 第 1 項規定，依同法第 129 條第 7 款規定，核處新臺幣 600 萬元罰鍰。

主旨

皆同上述之標題。

《裁罰內容有關資訊安全之違法事項》

有關花旗銀行的部分：

一、 未完善建立客戶風險評估機制：

（一）貴行對法金客戶之風險評估方式，於客戶註冊國家或地區、客戶使用高風險產品程度、客戶產業類別等相關風險指標之評分，有未能反映該等指標之風險程度及本國情境者。

（二）貴行對諸多有相同對帳單地址、相同聯絡人或相同聯絡電話等特徵，且實際所在國家與註冊地不同，並自稱具相當規模營業額之純境外一人公司，有陸續密集註冊及於貴行開戶者，未能確實瞭解該等客戶之實質受益人、實際營業據點、營業性質及建立業務關係之目的，並評估其密集開戶之必要性及合理性，致將該等客戶僅列為中風險或低風險。

二、 未完善建立客戶持續性審查機制：貴行對低風險客戶所辦理之持續性審查，未依本會規定訂定應符合一定條件始得以事件觸發方式辦理。

三、 未完善建立交易監控機制：

（一）貴行交易監控機制訂有達一定門檻以上之交易予以排除產出可疑交易警示之設計，致對上開純境外客戶於短期內與有相同特徵之其他客戶間辦理多筆資金快速進出之貿易款項收付，均未能產出可疑交易警示。

（二）貴行交易監控系統雖對類此交易如純境外客戶與有相同特徵之其他客戶間所辦理資金快速進出之循環性交易；客戶彼此間有鉅額惟供應鏈關係矛盾之貿易款項收付；經審查為一般民生用品之貿易商卻與從事高制裁風險行業之交易對手辦理鉅額貿易款項之收付等產出可疑交易警示，惟因該等警示符合貴行所訂條件，故經交易監控系統予以排除調查而自動結案。貴行雖對自動結案之可疑交易警示訂有回溯測試之驗證機制，惟查有經回溯調查再次結案之案件，亦有涉及疑似應申報可疑交易之案件，貴行交易監控機制之有效性仍需再檢討改善。

（三）貴行未依規定訂定虛擬貨幣交易平台業者相關監控態樣，將平台業者及其使用者一併納入監控態樣進行監控。

（四）貴行未將本會函轉之租稅規避及逃漏稅態樣完整納入交易監控，亦未對涉及高制裁風險地區之交易訂定妥適合理之交易監控方式。例如貴行對自然人客戶以大額現金從事符合租稅規避及逃漏稅態樣之交易，雖有申報大額通貨交易，惟未評估其合理性。

四、　未確實執行客戶盡職審查：貴行有未確實辨識客戶實質受益人、未取得實質受益人身分證件號碼，且未確實瞭解客戶開戶目的、往來廠商資訊、集團關係、營收資訊等情形，未能審視客戶所辦理之交易與其業務及風險是否相符。例如對實質受益人之辨識及驗證，有未取得可靠來源資訊，而逕仰賴客戶聲明書之情形；客戶審查資料所述客戶開戶目的係考量上下游公司所在地，惟上下游公司實際營業處所與客戶審查資料不符等情事。

五、 未確實辦理或未儘速完成可疑交易警示之調查：

（一）貴行對於前開三（二）所列類型之交易警示未被排除調查者，於調查時有未將客戶審查所獲悉之營業規模、營業性質與開戶目的等資訊與交易不一致之情形納入考量；對於涉及高制裁風險地區之交易未進一步調查；未確實釐清客戶辦理交易之資金來源等情形，且有依賴業務單位之說明而欠缺獨立判斷，致未能發現該等交易異常即予結案者。例如客戶於短期內與有相同特徵之其他客戶間辦理資金快速進出之循環性交易，以其為收付貿易款項為由即予結案，而未進一步了解其合理性。

（二）貴行對多筆可疑交易警示有未儘速完成調查之情事。

有關星展銀行的部分：

一、 未完善建立客戶持續性審查與姓名及名稱檢核機制：

（一）貴行對低風險客戶所辦理之持續性審查，未依本會規定訂定應符合一定條件始得以事件觸發方式辦理。

（二）貴行未能充分考量部分高風險客戶或交易之風險，建立符合風險基礎方法之姓名及名稱檢核機制，致對該等客戶及其交易有關對象之檢核範圍有欠完備。例如對於從事高制裁風險行業之客戶，貴行未考量客戶之交易特性，確認客戶之實際交易對象是否為受制裁對象，而仰賴客戶自行進行制裁名單檢核。

二、 未完善建立交易監控機制：貴行交易監控機制以計分方式決定是否產出交易警示，惟其中之減分機制設計未完善，導致部分可疑交易無法產生警示，影響貴行交易監控機制之有效性。

三、 未落實辦理客戶盡職審查：

（一）貴行未落實採取與客戶風險相稱之審查措施，以確實瞭解客戶之實質受益人、實際營業據點、營業性質及建立業務關係之目的。例如貴行未確實瞭解從事高制裁風險行業客戶之交易特性，以及客戶審查資料有所列實質受益人之從業經驗與其實際年齡不符、所列營業處所與客戶辦理網路銀行交易之 IP 位址不符、所列營業性質與交易對象之營業性質不符等情事。

（二）貴行政策雖對純境外客戶列為高風險，惟對諸多有相同對帳單地址或相同聯絡人或相同聯絡電話等特徵，且其實際所在國家與註冊地不同之純境外一人公司有陸續密集註冊及於貴行開戶者，未評估其密集開戶之必要性及真實性。

（三）貴行對部分客戶之實質受益人有未落實建檔作業情事，不利姓名及名稱檢核之執行。

四、 未確實辦理或未儘速完成可疑交易警示之調查：

（一）貴行對於前開諸多純境外客戶與有相同特徵之其他客戶間所辦理資金快速進出之循環性交易、客戶彼此間有鉅額惟供應鏈關係矛盾之貿易款項收付、經貴行審查為一般民生用品之貿易商卻與從事高制裁風險行業之交易對手辦理鉅額貿易款項之收付等，於產出可疑交易警示並進行調查時，有未將客戶審查所獲悉之營業規模、營業性質及開戶目的等資訊與交易不一致之情形納入考量，且有依賴業務單位之說明而欠缺獨立判斷，致未能發現該等交易異常即予結案，亦有未留存詳細查核紀錄之情事。例如客戶於短期內與有相同特徵之其他客戶間辦理資金快

速進出之循環性交易，以其為收付貿易款項為由即予結案，而未進一步了解其合理性。

（二）貴行對多筆可疑交易警示有未儘速完成調查之情事。

《理由及法令依據》

花旗銀行的部分：

貴行辦理洗錢防制作業，上述事實一及三有未完善建立客戶風險評估機制、客戶持續性審查機制、交易監控機制，及上述事實四及五有未確實執行客戶盡職審查、未確實辦理或未儘速完成可疑交易警示調查等缺失，所涉客戶或交易多具高風險因子，且交易金額甚鉅，核有未完善建立內部控制制度及未確實執行內部控制制度之情事，同時違反洗錢防制法第 7 條授權訂定之「金融機構防制洗錢辦法」第 3 條、第 5 條、第 6 條、第 9 條及第 15 條規定及銀行法第 45 條之 1 第 1 項授權訂定之「金融控股公司及銀行業內部控制及稽核制度實施辦法」第 3 條及第 8 條規定。

星展銀行的部分：

貴行辦理洗錢防制作業，上述事實一及二有未完善建立客戶持續性審查機制、姓名及名稱檢核機制、交易監控機制，及上述事實三及四有未確實執行客戶盡職審查、未確實辦理或未儘速完成可疑交易警示調查等缺失，所涉客戶或交易多具高風險因子，且交易金額甚鉅，核有未完善建立內部控制制度及未確實執行內部控制制度之情事，同時違反洗錢防制法第 7 條授權訂定之「金融機構防制洗錢辦法」第 3 條、第 5 條、第 6 條、第 8 條、第 9 條及第 15 條規定及銀行法第 45 條之 1 第 1 項授權訂定之「金融控股公司及銀行業內部控制及稽核制度實施辦法」第 3 條及第 8 條規定。

《筆者分析》

這兩件外銀裁罰案，實際上是同一個案件，主因是花旗銀行打算出售銀行底下的消金業務，星展銀被傳出是買家，因此，兩家一起被罰了 1,600 萬元，這也是防制洗錢及打擊資恐被罰的最重的一次。根據裁罰內容，我們可以看到主要是這兩家外銀，缺乏考慮到台灣國內金融體系的情況，同時，也欠缺考量台灣風險評估以及監控制度的關係，所造成被金管會下重手裁罰的結果。

為何要把該案列入資安來討論，主要是有鑑於近年來，跨國犯罪越來越多，有些網路交易都無法做有效的『**徵信**』審核，很多駭客交易透過各種不同管道，或以匿名的方式進行大額金流的移轉，藉此來獲取不法所得，這也是資安當中需要強化的一部分，如違規事實中所寫的，一個地址卻有密集的開戶狀況，這也凸顯銀行缺乏風險意識及敏感度，也由於這個關係，在銀行的風險評估當中，就一定得要強化徵信這塊。

《提示》：何謂『徵信』？

所謂的徵信是指以信用系統（包括社會信用系統及金融大數據信用系統等）為依據，依法收集、整理、保存、加工社會自然人、企業法人及其他組織的信用信息作為數據，並通過標準化**評分**（即一般所謂的信評）模型對數據進行處理的系統。一般的徵信大部分是指徵信機構通過徵信系統對外提供信用報告、信用評估、信用信息諮詢等服務。台灣則可通過聯徵中心、國稅局等方式，合法取得相關的信評資料。

這兩個外銀的裁罰案，銀行局也很明確點出五個要點外銀需要改進的地方：

1. 建立完善的風險評估機制。
2. 持續性的對客戶做審查。
3. 建立交易監控機制。
4. 確實對客戶做詳細的審查。
5. 對於可疑交易須快速確實的調查。

只是在這裡，筆者有一點要說明，就是目前與台灣有建立類似洗錢防制的國家不多，在查核上，也有一定的難度，加上銀行業又是政府高度管制的特許行業，法令上限制頗多，同樣的，在國外亦是如此，主要還是因為銀行業會影響到國家的金融穩定狀況，假如未有邦交的國家，要從他國取得資料，實在有其難度，因此，在徵信上就得利用其他方式了解，其間的往來耗時、費力又花成本，最怕的是未得到該有的徵信效果。不過，筆者還是很認同銀行要『持續性』的審查，透過長期不斷的追蹤，可憑過往歷史交易中，培養敏感度，才能針對可疑的不法交易，發現問題並詳細調查。

《裁罰結果》

花旗銀行的部分：

爰依行政罰法第 24 條規定，依銀行法第 129 條第 7 款規定核處新臺幣 1,000 萬元罰鍰。

星展銀行的部分：

爰依行政罰法第 24 條規定，依銀行法第 129 條第 7 款規定核處新臺幣 600 萬元罰鍰。

《總結》

1. 建立完善的風險評估機制。
2. 持續性的對客戶做審查。
3. 建立交易監控機制。
4. 確實對客戶做詳細的審查。
5. 對於可疑交易須快速確實的調查。

裁罰對象：玉山商業銀行（股）公司

裁罰日期：2020/11/26

裁罰標題

玉山商業銀行鳳山分行前理財專員潘○○（下稱潘員）涉挪用客戶款項及與客戶間有異常資金往來所涉缺失，核有違反銀行法第45條之1第1項、洗錢防制法第7條規定及有礙健全經營之虞，爰依行政罰法第24條規定，依銀行法第129條第7款規定，核處新臺幣（下同）2,000萬元罰鍰，併依銀行法第61條之1第1項第6款規定，自處分生效日起，命令貴行停止財富管理事業處資深副總經理張○○（下稱張員）及個人金融事業處個金執行長陳○○（下稱陳員）執行職務3個月。

主旨

貴行鳳山分行前理財專員潘○○（下稱潘員）涉挪用客戶款項及與客戶間有異常資金往來所涉缺失，核有違反銀行法第45條之1第1項、洗錢防制法第7條規定及有礙健全經營之虞，爰依行政罰法第24條規定，依銀行法第129條第7款規定，核處新臺幣（下同）2,000萬元罰鍰，併依銀行法第61條之1第1項第6款規定，自處分生效日起，命令貴行停止財富管理事業處資深副總經理張○○（下稱張員）及個人金融事業處個金執行長陳○○（下稱陳員）執行職務3個月。

《裁罰內容有關資訊安全之違法事項》

貴行鳳山分行前理財專員潘員自 102 年 7 月至 109 年 6 月間，引導或偽冒客戶利用網路銀行、行動銀行、電話銀行、金融卡轉帳、臨櫃提領現金、匯款及利用客戶已蓋印鑑之取款憑條或匯款申請書等方式，將客戶帳戶款項轉入行外潘員帳戶或其他第三人帳戶，潘員再將該等帳戶部分款項匯入其親屬之行內銀行帳戶挪為己用；另潘員亦與部分客戶有異常資金往來情形。貴行於接獲客戶反映帳務異常後，經清查始發現上開違規情事，受影響客戶數 41 戶，所涉金額約 1.4 億元。經核貴行有下列事項違反銀行法第 45 條之 1 第 1 項、洗錢防制法第 7 條規定及有礙健全經營之虞：

一、 銀行部分：

（一）未完善建立內部控制制度：

    1. 對理財專員自行帳戶及關聯戶之交易監控機制未臻完善：貴行雖已建立員工行內交易行為、理財專員自行帳戶及其關聯戶交易等監控措施，並將潘員自行帳戶及其親屬行內帳戶納入檢視範圍，惟潘員挪用手法係將客戶資金匯出至行外多個帳戶，以規避關聯戶交易監控機制挪用客戶款項，相關交易監控機制未臻完善。

    2. 對外部單位及內部單位之異常交易警示訊息未建立有效查核機制：

    (1) 查貴行前接獲外部單位（警察機關）、內部理財專員帳戶交易監控對潘員帳戶交易行為之警示訊息，僅進行相關訪談調查與檢視該員帳戶無發現異狀，及與客戶進行

　　　　關懷對帳未有異常即予結案，未建立有效查核機制。

(2) 貴行內部洗錢防制監控報表對潘員帳戶交易產生警示訊息，僅由貴行風險管理處自行檢視無異常後予以結案，對洗錢防制可疑交易之查證不詳實。

(3) 貴行稽核單位針對理財專員是否有不當行為辦理專案清查，針對理財專員有異常交易行為之警示名單，僅移請財富事業管理處進行調查，而非由稽核單位自行深入查核，有失稽核單位做為第三道防線獨立查核之功能，顯示貴行對案關理財專員調查與處理程序有待強化。

3. 未就歷次查核發現之缺失進行制度面之通案檢討：貴行稽核單位及案關分行雖對存匯業務相關作業流程等進行查核，且案關分行近 5 年來均遭稽核單位提列與本案態樣相同之查核缺失，包括晶片卡暨網路／電話銀行申請書客戶申請項目有空白未填寫者、未辦理關懷提問或留存資料不完全、未留存匯款代理人資料等，貴行除個案提列缺失、要求案關分行進行改善之外，並未就歷次查核發現缺失進行制度面之通案檢討，致相關缺失重複發生。

（二）未確實執行內部控制制度：

1. 未落實執行確認客戶身分及關懷提問等作業，覆核機制未發揮功能：貴行內部規範已明定針對客戶申請網路銀行、電話銀行、金融卡、約定轉入帳號及臨櫃匯款交易，須進行核對客戶身分與親簽及向客戶辦理關懷提問等內部控制作業流程，惟存匯部門人員未落實執行，相關**覆核機制**亦

未發揮功能。另貴行自 108 年 6 月中華民國銀行商業同業公會全國聯合會「銀行防範理財專員挪用客戶款項相關內控作業原則」（下稱理專十誡）發布實施後，於 108 年 9 月 24 日起已禁止理財專員辦理現金、票據等外收送與存匯帳務相關業務，並嚴禁理財專員擅自或代理客戶進行交易，惟存匯部門人員未落實執行並放行交易，致潘員仍得以挪用客戶款項。

2. 未落實督導員工遵循行為準則規範：依貴行內部規範，嚴禁行員與客戶間有資金借貸行為或金錢往來，本案潘員利用接觸客戶之機會，以介紹其他行外投資機會或資金周轉等理由，乘機挪用客戶款項並與客戶有異常資金往來，貴行有未落實督導員工遵循相關行為準則規範之情形。

二、 本案相關人員之責任：

（一）張員部分：張員自 103 年 6 月起擔任總行財富管理事業處最高主管，負責督導理財專員人員行為操守及管理、財富管理商品之規劃及制度等。張員於任職期間，未能督導貴行完善建立（1）對理財專員帳戶及關聯戶之交易監控機制，及（2）對理財專員異常交易警示訊息進行有效查核及調查處理程序，亦未督導理財專員落實貴行員工行為準則相關規範，核有未善盡督導管理之責。

（二）陳員部分：陳員自 104 年 2 月起擔任總行個人金融事業處最高主管，負責督導各分行營運管理及消費金融業務。陳員於任職期間，對於案關分行近 5 年來均遭稽核單位提列與本案態樣

相同之查核缺失，未進行通盤制度面檢討及改善，致本案仍有相關缺失重複發生；且財富管理事業處自理專十誠實施後，於108 年 9 月 24 日起禁止理財專員代客辦理存匯相關交易，惟陳員身為個人金融事業處最高主管，未確實督導存匯部門人員配合前開規定辦理，核有未善盡督導管理之責。

《理由及法令依據》

銀行法第 61 條之 1 第 1 項第 6 款、第 129 條第 7 款。

第 61-1 條

銀行違反法令、章程或有礙健全經營之虞時，主管機關除得予以糾正、命其限期改善外，並得視情節之輕重，為下列處分：

（一～五款省略）

六、　命令銀行解除經理人、職員之職務或停止其於一定期間內執行職務。

第 129 條

有下列情事之一者，處新臺幣二百萬元以上五千萬元以下罰鍰：

（一～六款省略）

七、　未依第四十五條之一或未依第一百二十三條準用第四十五條之一規定建立內部控制與稽核制度、內部處理制度與程序、內部作業制度與程序或未確實執行。

《筆者分析》

或許大家會覺得這件裁罰案跟資安有何關係？大家可以注意以下這段：

「**引導或偽冒客戶**利用網路銀行、行動銀行、電話銀行、金融卡轉帳、臨櫃提領現金、匯款及利用客戶已蓋印鑑之取款憑條或匯款申請書等方式，將客戶帳戶款項轉入行外潘員帳戶或其他第三人帳戶，潘員再將該等帳戶部分款項匯入其親屬之行內銀行帳戶挪為己用。」

這種手法，跟所謂的『社交工程』類似，

《提示》：何謂社交工程？

社交工程（Social Engineering）主要是利用人性弱點，應用溝通和欺騙技倆，引導或偽冒他人，以獲取帳號、通行碼、身分證號碼或其他機密或敏感性資料，進而突破資通安全防護，讓其能夠進行非法的存取或者破壞的行為。簡單說，就是『哄騙』。

社交工程最有名的就是美國的超級駭客米特尼克（Mitnick, Kevin），他著有**《駭客人生：全球頂尖駭客的真實告白》**這本書，該書就很充分表達出，他如何利用社交工程入侵機房，甚至偷窺電信機密，每次入侵主機，他都要借由透過繁複的社交工程，利用不同的身分，取得管理人員的信任，再取得關鍵端口後，再一一的逐層進入伺服器主機，在這本書裡，他強調一點，做為社交工程的佼佼者，他必須以沉穩的口氣，取得對方的信任，也就是因為他高超的社交工程，讓他無往不利，這就是最頂尖的駭客手法。

我們來看此案的關鍵點，就在『**引導與偽冒**』，這個裁罰案多次提到內控缺失，然而，面對社交工程方式，其實，是很難寫在內部控制的規範內的，因為社交工程手法多變，根本無法制定合理的程序。且該事件主角張員，**他一定知道銀行內控規定**，所以在各級訪談中，能夠閃避掉他如何去引導客戶的過程，筆者認為，即使去詢問張員的客戶，客戶一樣會幫張員開脫，甚至誇獎張員服務之周到等等溢美之詞，主要原因在於，他已經取得客戶的**完全信任了**。

在說到所謂的**外部帳戶管控**以及**銀行的覆核機制**，我們可以看到張員是請客戶自行移轉資金到外部帳戶，就算內控制度再嚴格，我們也無法管控客戶資金的移轉，而且該案的資金移轉不只一層，是經過許多流動之後，才轉入張員親屬的帳戶內，如此繁複的流程中，現有的規定之下，除非是檢方啟動調查，否則銀行的內控也只能做到一個限度，這類狀況根本防不勝防。此外，就以覆核機制來看，該案的說明中，指出存匯人員未盡客戶臨櫃親簽及關懷提問的程序，然而，如果客戶單純的說要將資金轉入第三方帳戶，以作為投資之用，但卻無提及張員等相關資訊，試問，這要存匯人員如何問起？ 此外，該案也提及，稽核人員應獨立深入查核，但，試問此舉是否違反個資法，或者超過稽核查核權限？如果舉證之事證不足以證明張員犯罪事實，那麼稽核人員是否反而負有刑事責任？

最後，該員對於本案之客戶已經有五年以上的情感，本裁罰案裡提到『理專十誡』為民國 108 年制定，理專十誡執行之後的確有一定效果阻絕了不法理專的違法案件，然社交工程還是會繼續進化的，某些違法理專一定會再研究出十誡的漏洞，犯罪者其實大部分不是太懂法律，只是賭會不會有

被抓到的風險，因此，很重要的法治教育就相對重要了，透過定期嚴格的教育，灌輸工作上的正確觀念，才能有效減低犯罪。

《提示》：何謂『理專十誡』？

由於近年來，理專、理顧及第一線臨櫃人員，有私自挪用客戶帳戶之事件發生，故為了防止類似情況發生，金管會於 2019 年 6 月 14 日備查銀行公會公佈了『銀行防範理財專員挪用客戶款項相關內控作業原則』，此即所謂的理專十誡，目的主要透過強化內控稽核的方式，降低理專、理顧或者金融相關人員，非法挪用客戶的情況發生。

《裁罰結果》

本案有關資安的部分，一共被裁罰 2,000 萬罰緩，此案可作為社交工程之重要案例參考。

《總結》

1. 內部人常因為了解內控，而尋找漏洞閃避規定。
2. 社交工程透過引導方式取得客戶信任，因此就需要訂出防範機制，盡量分散其權力，不要讓客戶長期過度依賴某員工。
3. 有關覆核機制，遵循理專十誡。
4. 嚴格對員工實施法治教育，使員工了解違法之嚴重性。

3

裁罰對象：財金資訊（股）公司

裁罰日期：2020/01/11

裁罰標題

財金資訊股份有限公司因 IBM 大型主機連線管理系統程式異常，導致 ATM 跨行服務中斷所涉缺失，核有違反銀行法第 47 條之 3 第 1 項授權訂定之銀行間資金移轉帳務清算之金融資訊服務事業許可及管理辦法（簡稱管理辦法）第 31 條規定，依銀行法第 132 條核處新臺幣 150 萬元罰鍰。

主旨

貴公司因 IBM 大型主機連線管理系統程式異常，導致 ATM 跨行服務中斷所涉缺失，核有違反銀行法第 47 條之 3 第 1 項授權訂定之銀行間資金移轉帳務清算之金融資訊服務事業許可及管理辦法（簡稱管理辦法）第 31 條規定，依銀行法第 132 條核處新臺幣 150 萬元罰鍰。

《裁罰內容有關資訊安全之違法事項》

一、 貴公司 107 年 8 月 18 日因 IBM 大型主機連線管理系統程式異常致中斷 ATM 跨行服務。

二、 對於提供金融服務之資訊系統廠商，未能妥適監督，致跨行系統發生服務中斷事件，貴公司應承擔監督責任。

三、 經核貴公司有未妥適維持國家關鍵基礎設施正常運作之虞，違反銀行法第 47 條之 3 第 1 項授權訂定之管理辦法第 31 條規定。惟經考量貴公司已採取相關措施，依銀行法第 132 條規定，核處新臺幣 150 萬元罰鍰。

《理由及法令依據》

銀行法第 47 條之 3 第 1 項，管理辦法第 31 條規定。
銀行法第 47 條之 3 第 1 項：

第 47-3 條

經營金融機構間資金移轉帳務清算之金融資訊服務事業，應經主管機關許可。但涉及大額資金移轉帳務清算之業務，並應經中央銀行許可；其許可及管理辦法，由主管機關洽商中央銀行定之。

《筆者分析》

首先先簡單援引財金資訊公司的官網，簡單介紹財金公司，也讓大家了解為何是由銀行局來開罰，

"財政部為促進金融業之資源共享、資訊互通，並提昇金融體系全面自動化，於民國 73 年以任務編組方式成立「金融資訊規劃設計小組」，負責金

融機構間跨行網路的規劃、設計及建置重責。嗣於民國 77 年完成階段性任務後，改設置「金融資訊服務中心」（以下簡稱「金資中心」）作業基金並接辦營運。為肆應金融市場自由化、國際化的發展情勢，財政部於民國 87 年報奉行政院核定，並依據「金融機構間資金移轉帳務清算之金融資訊服務事業許可及管理辦法」，將「金資中心」改制為公司組織，由財政部及公、民營金融機構共同出資籌設「財金資訊股份有限公司」，概括承受「金資中心」的業務，於同年 11 月正式承作跨行金融資訊系統的規劃、建置與營運，提供跨行交易轉接，以及結（清）算服務，與金融機構及國際組織連接，共同建構我國的電子金融支付網絡，同時也為社會大眾提供安全便捷的金流服務。"

簡言之，該公司就是財政部持股之民間金融企業，因為有**經營銀行的業務**，因此，由銀行局來監管。

該案主要是在 2018 年 8 月 18 日早上財金公司所設定的跨行轉帳系統大當機，造成所有的網銀、ATM 等等，兩個小時無法跨行交易，據財金公司說明，問題主要出在 IBM 的 IMS 系統出了問題。然而，資訊專家點出三大疑問，分別是

1. 為何備援系統沒生效？
2. 是否版本過於老舊？
3. 緩衝區（Buffer）是否沒清理？

筆者就針對此三項做個說明，首先，備援系統為何沒生效？金融業的備援系統，大致上可以分為下列三種：

（1）**同地熱備援機制**：即是同一棟辦公室內，有另一個系統待命，只要主系統一出問題，熱備援機制因為皆處於同步熱機狀態，隨時可以切換主系統。

（2）**異地備援機制**：字面上就可以了解，在不同地方，還有另一個主機在待命，如果發生人為不可控制的風險時，如地震天然災害，隨時可以在 1～2 小時內，立即切換代替主系統運作。

（3）**資料備援裝置**：指離線之後，會做離線資料備份的運作，讓資料保存不會因為臨時狀況，造成資料遺失。

在金融業證券裡，大部分的人都知道備援系統的存在，財金資訊被質疑的地方，在於為何切換備援系統需要兩個小時（非天災人為不可控的風險）的時間？而且備援裝置不是第一次切換了，台灣的各大備援系統切換的次數，應該不算少，而且還有每年好幾次的模擬演練，理論上，切換要花兩個小時以上，實在有點難以想像。大家可不要小看兩小時的時間，兩小時可是包含銀行、金控、郵政、中小企業資金往來、存匯業務、證券轉帳交割 … 等等的這一些損害，可是有可能達到上億元以上的損失，而且在停宕之間，如果產生系統的漏洞，兩小時的時間，對於入侵的駭客來說，時間上可是非常的充裕，所以才會被資安人員強烈質疑。

而財金公司的解釋，是在當機時，就有啟動備援，然而當時需要一家一家的銀行進行處理，才會有時間上的落差。筆者認為，發生這類事件，是否在備援裡面，應該再納入另一家資訊公司，提供另一套相容的備援系統呢？從資安角度裡面，減低風險是很重要的一個考量點，尤其是金融業更是不可輕忽。

此外，第二點被質疑的原因是，是否版本過於老舊？依財金公司所述，本次出狀況的 IMS 系統使用了近 30 年，幾乎沒有出過任何問題。但，從筆者在保險局所列舉的案例裡面，很多家都有類似系統版本老舊問題出現，由於保險局經常性查核關係以及進行各種測試的檢核，所以，在平時就已經發揮監督的效果。相對的，銀行局也應該強化資安的檢覈，以避免因有版本老舊的問題，而影響了資安。

最後，資安專家所提的緩衝區是否定期清理？筆者認為，這部分應該問題較小，緩衝區的 buffer 可以透過時程的安排，做定期的處理，只是在處理之後，還是要仔細檢查是否有異常，否則，只會流於形式，意義不大。

《裁罰結果》

依銀行法第 132 條核處新臺幣 150 萬元罰鍰。

銀行法第 132 條：

第 132 條

違反本法或本法授權所定命令中有關強制或禁止規定或應為一定行為而不為者，除本法另有處以罰鍰規定而應從其規定外，處新臺幣五十萬元以上一千萬元以下罰鍰。

《總結》

1. 備援系統為金融業重要的支援系統,應平時就要演練,避免遇到緊急狀況,造成金融體系的損失。

2. 應強化監理機制,定期查核相關公司的系統是否已停止服務,或者有版本老舊而未更新的情況發生。

3. 需定期檢視排程上的記錄,並透過定期稽核的方式,找出問題,而不流於形式。

裁罰對象：遠東國際商業銀行（股）公司

裁罰日期：2017/12/15

裁罰標題

遠東國際商業銀行 SWIFT 系統遭駭重大偶發事件所涉缺失事項，違反銀行法第 45 條之 1 第 1 項規定，依同法第 129 條第 7 款規定，核處新臺幣 800 萬元罰鍰。

主旨

貴行 SWIFT 系統遭駭重大偶發事件所涉缺失事項，違反銀行法第 45 條之 1 第 1 項規定，依同法第 129 條第 7 款規定，核處新臺幣 800 萬元罰鍰。

《裁罰內容有關資訊安全之違法事項》

貴行下列缺失，核有未妥適建立或未確實執行對資訊安全之內部控制制度：

一、 資安防禦機制未完整建置：

（一）對 SWIFT 系統伺服器未評估區隔獨立網段，並設定網路存取規則（ACL）進行管控，不利網路安全。

（二）貴行雖已導入建置資訊系統日誌及事件分析管理平台系統（SIEM），惟未涵蓋 SWIFT 系統日誌（AP LOG）及資料庫監控系統日誌（GUARDIAN），致無法設定警示門檻值即時監控，不利後續問題分析。

二、 系統管理者帳號之使用管理欠當：

（一）將日常維運之管理員帳號逕加入本機最高權限群組，未依最小權限原則授權。

（二）本機最高權限群組成員之帳號雖建立警示機制，惟就營業時間之警示機制未妥適建置。

三、 資安事件緊急應變處理程序欠當：

本次受駭之部分資料庫因作業系統軟體受損而無法開啟，貴行僅就保存資料需求，緊急向廠商調度提供伺服器重新安裝作業系統，及將受損資料庫移轉至新伺服器與進行資料備份，未清查相關資料庫紀錄及資料傳輸途徑，不利確認個資是否外洩等個資安全性。

四、 未落實依據本會銀行局 105 年 9 月 5 日銀局（國）字第 10500202300 號函及中央銀行 105 年 6 月 21 日台央外柒字第 1050025451 號函落實執行強化 SWIFT 系統安全：

（一）未將 SWIFT 伺服器實體隔離，且其伺服器區（Server farm）內
　　　僅使用核心交換器（coreswitch）設備管理網路聯通，尚未設
　　　定網路存取規則（ACL）管控。

（二）對 SWIFT 系統安全性及可疑交易定期檢測機制未臻完整。

五、　未依「金融控股公司及銀行業內部控制及稽核制度實施辦法」之規
　　　定有效傳達法令，不利落實法令遵循：對銀行公會轉知會員依本會
　　　銀行局 105 年 9 月 5 日銀局（國）字第 10500202300 號函要求，對
　　　SWIFT 系統加強管理及檢視所列資安管理措施，貴行僅將該函文轉知
　　　資訊服務處及國外部作業服務單位，未轉知法遵部門，不利落實對
　　　外部法令有效傳達。

六、　未發揮內部控制第三道防線之功能：貴行內稽部門於 105 年 12 月間
　　　曾將中央銀行於 105 年 6 月 21 日函請銀行公會轉知各會員配合辦理
　　　強化銀行 SWIFT 作業系統安全事宜列為專案查核之查核項目，惟僅
　　　抽查工作站等作業面之安全管理，查核範圍明顯不足。

《理由及法令依據》

銀行法第 129 條第 7 款規定。

銀行法第 129 條第 7 款：

第 129 條

有下列情事之一者，處新臺幣二百萬元以上五千萬元以下罰鍰：

七、　未依**第四十五條之一**或未依第一百二十三條準用第四十五條之一規
　　　定建立內部控制與稽核制度、內部處理制度與程序、內部作業制度
　　　與程序或未確實執行。

上述第 129 條第 7 款所提到第 45 條之一：

第 45-1 條

銀行應建立內部控制及稽核制度；其目的、原則、政策、作業程序、內部
稽核人員應具備之資格條件、委託會計師辦理內部控制查核之範圍及其他
應遵行事項之辦法，由主管機關定之。

銀行對資產品質之評估、損失準備之提列、逾期放款催收款之清理及呆帳
之轉銷，應建立內部處理制度及程序；其辦法，由主管機關定之。

銀行作業委託他人處理者，其對委託事項範圍、客戶權益保障、風險管理
及內部控制原則，應訂定內部作業制度及程序；其辦法，由主管機關定之。

銀行辦理衍生性金融商品業務，其對該業務範圍、人員管理、客戶權益保
障及風險管理，應訂定內部作業制度及程序；其辦法，由主管機關定之。

《筆者分析》

遠銀這個案子，筆者在 2019 年鐵人賽當中，曾經討論過，因為該案在
2017 年時，是一個很轟動的案子，故將此案納入本書說明。

該事件的始末，主要是遠東商銀在 2017 年 10 月 3 日當天，發現系統作業緩慢，但並未查覺任何異常。直到 5 日中秋節過後的上班日核帳時，突然驚覺銀行的 SWIFT 系統平台遭駭客入侵，公司的外幣帳戶約有 6,010 萬多美元，被駭客盜轉至斯里蘭卡、柬埔寨及美國等地銀行。遠東商銀在當日，立即向調查局報案並請求協助，同時，協請刑事局國際科發電報給國際刑警組織及駐外聯絡官，協調聯繫相關國外銀行協助凍結。

之後，金管會也發出聲明指出，這些被盜轉出去的錢，並非從客戶個別的帳戶匯出，所以此次事件，客戶並沒有相關損失，但，金管會也強調，如果未來發現客戶有因為該事件受到任何損失，皆需由遠銀全額負擔，於此同時，也要求遠銀必須立即強化網路安全防禦的工作。

依照後續的報導指出，入侵的駭客應該對於銀行 SWIFT 系統相當熟悉，駭客入侵遠銀的系統後，將系統中的防毒軟體關閉，然後接著植入後門程式，之後，在破解遠銀 SWIFT 的認證機制後，將錢分筆的匯出至其他海外有執行 SWIFT 系統的銀行帳戶內，最後，刪除掉所有交易內容，並加密交易程式，完成所有匯款。

金管會銀行局在該裁罰案的內容當中，主要還是希望遠銀將 SWIFT 的網段獨立切出，不要再跟銀行內部網段混雜在一起，並且在第六點裁罰內容中，要求未來必須強化並擴大銀行 SWIFT 作業的相關稽核，以充分落實內部控制的三道防線。

不過，慶幸的是這個案子，通報國內的刑事局之後，在隔日就很迅速的從國外刑事單位協助，追回部分移轉的錢，並且邀集如微軟、資安單位等等

協助釐清案情，也在短時間內釐清事件的脈絡，減低了部分損失。當時該案發生時，原本預期跨國追查，需要花較多時間解決，然整體看起來，該事件處理速度很快，這算是該案件不幸中的大幸了。

《裁罰結果》

依銀行法銀行法第 129 條第 7 款規定，核處新台幣 800 萬元罰緩。

《總結》

1. 任何異常狀況發生，例如網速變慢等等，都應嚴肅面對，並且立即通報。
2. 落實稽核及監控，強化內控三道防線。

第 4 篇
《特別案例篇—街口支付、街口電支》

編號	裁處書發文日期	資料來源	標題
1	2021-02-04	銀行局	停止受處分人胡○○於街口電子支付股份有限公司（下稱街口電支公司）執行董事職務 1 年，並自本處分書送達次日起生效
2	2021-02-04	銀行局	本會對街口電子支付股份有限公司辦理資金貸與關係人作業缺失，核有未確實執行內部控制制度及有礙健全經營之虞之情事，違反「電子支付機構管理條例」第 30 條規定，依「電子支付機構管理條例」第 48 條第 16 款規定，核處新臺幣 180 萬元罰鍰。
3	2020-09-30	證期局	街口證券投資信託股份有限公司及其人員違反證券投資信託事業及期貨信託事業管理法令處分案（金管證投罰字第 1090364737 號）
4	2019-11-27	銀行局	本會對街口電子支付股份有限公司專案檢查報告（編號：108L004）所列缺失，貴公司核有違反「電子支付機構管理條例」第 30 條、第 33 條規定及有礙健全經營之虞情事，依「電子支付機構管理條例」第 48 條第 16 款、第 19 款及第 35 條第 1 項規定，共核處罰鍰新臺幣 180 萬元及予以糾正

街口支付這個案子，算是一個很奇特的案子，因為很難得有一家公司會同時被銀行局以及證期局一起開罰，由於裁罰內容都非常的冗長，讀者如果有興趣，可以到證期局網站（可以先進金管會首頁，找到『公告資訊』，然後再進入『裁罰案件』）詳讀裁罰的內容，如果上述四個裁罰內容，沒法一一詳讀，那麼可以先讀上表編號 3 證期局的裁罰內容，該裁罰內容寫的

鉅細靡遺，相信會帶給讀者相當多的震撼。那麼這家公司跟資安到底有甚麼關係呢？

首先，我們來了解一下街口的公司背景，公司原是**投信投顧公司**，原屬於**金融業，所以必須強制公開發行**，這個是因為**資訊要公開透明**。我們從公司公開的訊息可以看到公司的沿革，該公司前身是「中興投信」，後來更名為「華頓投信」；之後又改名為「國票華頓投信」。2019 年 3 月，『街口金融科技股份有限公司』攜手川圃投資控股等團隊入主，在同年 5 月核准更名為「街口證券投資信託股份有限公司」。所以公司看起來是借殼入主，既然是入主，那後續就應該走正常的程序，資本市場的法令規定，不是第一天就如此訂定了，也不是為了街口而特別訂定，是已經行之有年了，上千家公司都是遵循這套法令規定，否則怎麼做好監理制度呢？所以理論上，街口就應該遵照程序與流程，配合法令進行後續的營運運作，可是，該公司並沒有依規定建立妥適的內部控制制度，甚至於在會計上，還有未認列的帳款，到最後，甚至於連公發公司規定的內控處理準則的管理章則，都可以自行廢棄，也未依公司會計政策執行，甚至於出現『管帳又管錢』重大會計缺失，這麼多的甚至，簡直讓筆者感到匪夷所思。

再說到資安，這幾年金管會要求的銀行落實內控三道防線，內部控制其實就包含了資安的三道防線，換句話說，資安的三道防線，就是要先從自行檢查，進入法遵、風險管理，最後配合內部稽核作業，完成整個流程。這都是一貫的做法，標準就是在這裡，如果沒有這個觀念，那麼大家都各自為政，資安本來就很難監管，結果可能會變得更混亂。

緊接著，筆者將證期局裁罰的部分內容，列出來，簡單做個說明。

（1）有關內控的部分：

> 二、 辦理重大營運案，有未提董事會通過，亦無內部簽核程序，且未建立相關內部控制制度，即與他人合作提供類似快速買回之基金墊款服務之違失情事，核有違反證券投資信託事業管理規則第 2 條第 2 項及證券暨期貨市場各服務事業建立內部控制制度處理準則第 6 條規定：
>
> （一）經查街口投信資訊部於 109 年 5 月 14 日就「該公司與電子支付機構之操作介面驗收流程」案，法遵室表示因內容涉及保證收益，不宜驗收上線，由前董事長高○○核定。又內部稽核單位 109 年 7 月 20 日針對託付寶服務出具專案查核報告中亦發現「託付寶易使投資人難以分辨電子支付平台與基金交易平台之區別」、「託付寶使人誤信能保證獲利」等多項缺失。

以上這段，寫得很清楚，筆者用簡單一句話說，**公司法遵、稽核單位，你們玩你們的，董事長玩董事長的**，你們的建議、警告的缺失，看了也當沒看到，目前資安議案其實已經提升到董事會決策了，如果這樣，董事會也會因為董事長關係，失去對資安的決策力，所以基本上是不能出現這種各自為政的狀況。

千萬別以為只有法遵、稽核單位，大家還可以看這條：

> 五、　未建置系統開發測試作業之內控，致委外開發之系統未經驗收即逕予上線，核有違反證券暨期貨市場各服務事業建立內部控制制度處理準則第 6 條規定：經查街口投信於 108 年 12 月 20 辦理採購「NEW EC」應用軟體，系統廠商為街口金科，惟未於內部控制制度建立系統測試作業及於委外契約明確訂定公司與委外管理公司業務責任區分，致**資訊部**於 109 年 5 月 14 日就「公司與電子支付機構之操作介面驗收流程」案，經批核不宜驗收上線，卻於 109 年 5 月 30 日簽請持續與系統廠商進行白名單進行測試，致使委外開發之系統未經驗收及未有測試結果報告，街口託付寶服務於 109 年 7 月 20 日上線仍得逕予連結公司之開戶介面。

接著連資訊部也挨了一記悶棍，由此可知，街口內部沒有所謂的**『分工牽制原則』**，基本上就是一人決策系統，所以在防錯誤的機制上，就顯得相當薄弱，內控就更不用說了。

（2）有關監理沙盒（Regulatory Sandbox）的部分：

沙盒（Sandbox）這個名詞是源自電腦安全的用語，定義如下：

《提示》：何謂沙盒 Sandbox ？

沙盒（英語：sandbox，又譯為沙箱）是一種安全機制，為執行中的程式提供的隔離環境。通常是作為一些來源不可信、具破壞力或無法判定程式意圖的程式提供實驗之用。

後來，英國金融業務監理局（Financial Conduct Authority,FCA）在 2015 年 11 月提出「監理沙盒」（Regulatory Sandbox）的觀念，主要是為了金融新創事業，不要因為原有的金融法令的規範，而影響創意發展，所以提出了監理沙盒，簡單說，就是例外管理。

根據新聞報導，金管會原來有向街口提出這個方式，但街口認為，自己的資本額不大，不想納入監理沙盒，而且監管時間又長，根本不合乎他們要的快速創新的理念，可是，如果把街口再放回一般金管會監理制度底下，那麼嚴格的金融法令根本讓街口變得更動彈不得，大家也知道，目前在做電子支付的公司，不只有一家，如果為了街口所認為的創新而開大門的話，那麼其他遵守法令在做電子支付的公司，是否也可以打著創新的口號，進行各種金融交易呢？

那麼以上這些，跟資安有甚麼關係呢？ 監理沙盒裡面，其實，每一項新的想法，執行上都要經金管會審視，當然也包含資安監控，不說遠的，**個人資料保護**是否能做的確實，街口就讓主管機管很不放心了，更別說，街口

還有金融相關的其他業務，如果造成重大資安缺失或金融損失，那牽連的單位可能都會跟著一起受罰，在相對保守的金融業，根本不願意為了新創而承擔這類的風險。當然，新創跟保守，本來就充滿各種矛盾，沒有絕對的對錯。我們最後來看 2020/09/30 證期局及 2021/02/04 銀行局的違規事實及理由寫到以下兩段：

節錄證期局的部分：

董事胡○○君規避董事會為最高決策單位及公司內部控制制度規範而自為決策、未區隔董事會及經營管理階層之權責劃分，意圖透過三方架構之安排進行脫法行為，規避主管機關之監理，嚴重破壞公司之內部控制制度，導致公司之內控環境欠佳，嚴重阻礙公司之健全經營，違規情節重大，依證券投資信託及顧問法第 104 條規定，命令街口投信解除董事胡○○君職務。

節錄證期局的部分：

未依規定提報董事會討論（指胡董事長），架空董事會監督功能，凌駕董事會職權，並對於相關部門所提意見，未予妥適評估並處理，亦未考量公司財務狀況，逕自決定 ... 致街口電支內部控制廢弛 ... 有礙健全經營之情事。... 受處分人身為街口電支公司之董事長，應與該公司所有從業人員共同遵行內部控制制度，惟受處分人未善盡董事長之相關注意、督導及忠實義務，且身為董事，對於資金貸與街口金科公司案件，未依規定提報董事會討論，架空董事會監督功

能，凌駕董事會職權，並對於相關部門所提意見，未予妥適評估並處理，亦未考量公司財務狀況，逕自決定資金貸與，漠視財務風險及法令遵循，致街口電支公司未確實執行內部控制制度，違反電子支付機構管理條例第 30 條規定及有礙健全經營之虞；且受處分人於知悉本會 108 年 5 月 14 日專案檢查報告提出資金貸與案有未提報董事會之缺失後，仍逕為決策後續資金貸與案件，受處分人一人主導街口電支公司資金貸與案件，形同一筆資本提供二家公司使用，忽視電子支付機構資本額為提供健全經營基礎之規範目的，實有停止受處分人執行董事職務之必要，爰依電子支付機構管理條例第 35 條第 1 項第 4 款規定，停止受處分人執行董事職務 1 年，自處分書送達次日起生效。

以上兩段，最終胡董事長被證期局，解除街口證券投資信託股份有限公司董事長的職務；過了不久，銀行局也停止他在街口電支董事的職務，同時在罰鍰的部分，銀行局在 2020/02/04 及 2019/11/27 各罰了街口 180 萬元，2020/09/30 證期局罰了街口 300 萬元，所以總共被罰了 660 萬元。由於該案是金管會跨局處裁罰的代表案例，故將其獨立列出來說明。

第 5 篇
《總結篇》

以下為筆者針對 2017/12 ～ 2021/5 為止的資安裁罰案件整理表，本書共
27 件裁罰案，包含 1 個說明及 4 個參考案例，所以實際共有 32 篇文章。
裁罰的案例當中，其中 20 件保險局佔大多數，2 件證期局，4 件銀行局，1
件特殊案例。

隨著資安意識抬頭，後續在各大企業一定會有新的案例出現，所以，讀者
可以先以這些案例，做個參考，了解目前金管會對於資安懲處的狀況，藉
此了解企業應該朝向哪個方向強化資安，筆者認為在產業裡面，企業對於
資安這塊，一定有認真執行的企業跟比較不認真的企業，政府要推動資
安，一定要顧及所有產業，讓認真的企業做為典範，藉此提升其他的企
業，一起跟上腳步，裁罰只是一種手段，也是讓企業了解自身的不足，藉
此能夠加速提升自身的資安工作。

過往，在 2018 年以前，鮮少看到有針對資安做裁罰的公告及罰鍰，然而，
這兩、三年來，筆者至少就看到非常多件的資安裁罰事項及案例，加上金
管會在 2021 年強制上市公司一定要對重大資安事件做公告，這也說明了，
資安這塊可不能跟以前一樣了，需要認真的提升資安觀念，尤其連資安議
案都需要呈報到董事會這個層級，可見得企業已經必須要嚴肅面對資安的
議題了。

公司名稱	裁罰日期	裁罰結果
證期局		
1. 康和證券	2021/03/04	裁處新台幣 144 萬元的罰鍰。
2. 群益投信	2020/04/21	處分警告及罰鍰新臺幣 120 萬元，並命令群益投信解除前基金經理人職務。

公司名稱	裁罰日期	裁罰結果
保險局		
1. 台灣人壽	2021/03/23	糾正
2. 新光人壽	2020/12/25	糾正
3. 國際康健人壽	2020/12/24	糾正
4. 合庫人壽	2020/11/27	糾正
5. 富士達保險經紀	2020/09/18	合併其他各項違規事項，一併懲處 90 萬元罰緩
6. 全球人壽	2020/09/15	糾正
7. 宏泰人壽	2020/08/11	糾正
8. 法商巴黎人壽	2020/05/19	糾正
9. 遠雄人壽	2020/03/24	糾正
10. 富邦產險	2020/03/20	糾正＋處罰緩 60 萬元
11. 金鷹保險經紀	2020/02/10	本裁罰案金管會已刪除，故不探討該裁罰結果。
12. 宏泰人壽	2019/12/06	糾正
13. 國泰世紀產險	2019/12/04	糾正
14. 南山人壽、產險	2019/09/17	董事長停權、總稽核減薪 30% 一年，且三年內不得任職總稽核，共處罰緩 3,780 萬元
15. 國泰人壽	2019/09/16	糾正
16. 三商美邦人壽	2019/09/11	糾正
17. 合庫人壽	2019/08/30	糾正
18. 英商友邦人壽	2019/08/16	糾正

公司名稱	裁罰日期	裁罰結果
19. 富邦人壽	2019/08/13	罰鍰 120 萬元＋糾正
20. 保誠人壽	2019/08/13	糾正
銀行局		
1. 花旗、星展銀行	2021/05/13	花旗罰鍰 1,000 萬元、星展罰鍰 600 萬元
2. 玉山銀行	2020/11/26	罰鍰 2,000 萬元
3. 財金資訊	2020/01/11	罰鍰 150 萬元
4. 遠東國際商銀	2017/12/15	罰鍰 800 萬元
特別案例		
1. 街口	2021/02/04 2020/09/30 2020/11/27	罰鍰共 660 萬元，解除胡○○董事長、董事職務

Note

Note